# The Book Belongs to

# MATH

# Table Of Contents

**Answer : Last Page**

| | | | | |
|---|---|---|---|---|
| 1.  **9**<br>x **0** | 2.  **1**<br>x **8** | 3.  **0**<br>x **8** | 4.  **7**<br>x **1** | 5.  **0**<br>x **8** |
| 6.  **0**<br>x **8** | 7.  **8**<br>x **1** | 8.  **0**<br>x **3** | 9.  **8**<br>x **1** | 10.  **0**<br>x **5** |
| 11.  **1**<br>x **8** | 12.  **0**<br>x **9** | 13.  **8**<br>x **0** | 14 .  **1**<br>x **6** | 15.  **8**<br>x **0** |
| 16.  **6**<br>x **0** | 17.  **1**<br>x **4** | 18.  **1**<br>x **5** | 19.  **1**<br>x **8** | 20.  **4**<br>x **0** |
| 21.  **1**<br>x **8** | 22.  **11**<br>x **0** | 23.  **0**<br>x **8** | 24.  **8**<br>x **1** | 25.  **0**<br>x **7** |

1.  9
   x 0

2.  1
   x 8

3.  0
   x 8

4.  7
   x 1

5.  0
   x 8

6.  0
   x 8

7.  8
   x 1

8.  0
   x 3

9.  8
   x 1

10.  0
    x 5

11.  1
    x 8

12.  0
    x 9

13.  8
    x 0

14.  1
    x 6

15.  8
    x 0

16.  6
    x 0

17.  1
    x 4

18.  1
    x 5

19.  1
    x 8

20.  4
    x 0

21.  1
    x 8

22.  11
    x 0

23.  0
    x 8

24.  8
    x 1

25.  0
    x 7

1.  9
   x 0
   _____

2.  1
   x 8
   _____

3.  0
   x 8
   _____

4.  7
   x 1
   _____

5.  0
   x 8
   _____

6.  0
   x 8
   _____

7.  8
   x 1
   _____

8.  0
   x 3
   _____

9.  8
   x 1
   _____

10.  0
   x 5
   _____

11.  1
   x 8
   _____

12.  0
   x 9
   _____

13.  8
   x 0
   _____

14 . 1
   x 6
   _____

15.  8
   x 0
   _____

16.  6
   x 0
   _____

17.  1
   x 4
   _____

18.  1
   x 5
   _____

19.  1
   x 8
   _____

20.  4
   x 0
   _____

21.  1
   x 8
   _____

22. 11
   x 0
   _____

23.  0
   x 8
   _____

24.  8
   x 1
   _____

25.  0
   x 7
   _____

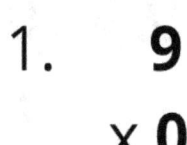
1.  9
   x 0

2.  1
   x 8

3.  0
   x 8

4.  7
   x 1

5.  0
   x 8

6.  0
   x 8

7.  8
   x 1

8.  0
   x 3

9.  8
   x 1

10.  0
    x 5

11.  1
    x 8

12.  0
    x 9

13.  8
    x 0

14.  1
    x 6

15.  8
    x 0

16.  6
    x 0

17.  1
    x 4

18.  1
    x 5

19.  1
    x 8

20.  4
    x 0

21.  1
    x 8

22.  11
    x 0

23.  0
    x 8

24.  8
    x 1

25.  0
    x 7

1.  2
   x 5

2.  2
   x 7

3.  2
   x 9

4.  2
   x 3

5.  2
   x 1

6.  2
   x 1

7.  8
   x 2

8.  4
   x 2

9.  3
   x 2

10.  2
    x 1

11.  2
    x 9

12.  1
    x 2

13.  2
    x 1

14.  2
    x 7

15.  2
    x 5

16.  2
    x 7

17.  1
    x 2

18.  2
    x 0

19.  2
    x 4

20.  9
    x 2

21.  6
    x 2

22.  9
    x 2

23.  1
    x 2

24.  5
    x 2

25.  3
    x 2

1.  2
    x 5

2.  2
    x 7

3.  2
    x 9

4.  2
    x 3

5.  2
    x 1

6.  2
    x 1

7.  8
    x 2

8.  4
    x 2

9.  3
    x 2

10. 2
    x 1

11. 2
    x 9

12. 1
    x 2

13. 2
    x 1

14. 2
    x 7

15. 2
    x 5

16. 2
    x 7

17. 1
    x 2

18. 2
    x 0

19. 2
    x 4

20. 9
    x 2

21. 6
    x 2

22. 9
    x 2

23. 1
    x 2

24. 5
    x 2

25. 3
    x 2

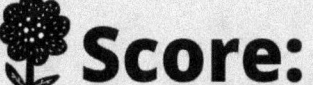
1.  2
   x 5

2.  2
   x 7

3.  2
   x 9

4.  2
   x3

5.  2
   x 1

6.  2
   x 1

7.  8
   x 2

8.  4
   x 2

9.  3
   x 2

10.  2
    x 1

11.  2
    x 9

12.  1
    x 2

13.  2
    x 1

14 . 2
    x 7

15.  2
    x 5

16.  2
    x 7

17.  1
    x 2

18.  2
    x 0

19.  2
    x 4

20.  9
    x 2

21.  6
    x 2

22.  9
    x 2

23.  1
    x 2

24.  5
    x 2

25.  3
    x 2

1. $\begin{array}{r} 2 \\ \times 5 \\ \hline \end{array}$
2. $\begin{array}{r} 2 \\ \times 7 \\ \hline \end{array}$
3. $\begin{array}{r} 2 \\ \times 9 \\ \hline \end{array}$
4. $\begin{array}{r} 2 \\ \times 3 \\ \hline \end{array}$
5. $\begin{array}{r} 2 \\ \times 1 \\ \hline \end{array}$

6. $\begin{array}{r} 2 \\ \times 1 \\ \hline \end{array}$
7. $\begin{array}{r} 8 \\ \times 2 \\ \hline \end{array}$
8. $\begin{array}{r} 4 \\ \times 2 \\ \hline \end{array}$
9. $\begin{array}{r} 3 \\ \times 2 \\ \hline \end{array}$
10. $\begin{array}{r} 2 \\ \times 1 \\ \hline \end{array}$

11. $\begin{array}{r} 2 \\ \times 9 \\ \hline \end{array}$
12. $\begin{array}{r} 1 \\ \times 2 \\ \hline \end{array}$
13. $\begin{array}{r} 2 \\ \times 1 \\ \hline \end{array}$
14. $\begin{array}{r} 2 \\ \times 7 \\ \hline \end{array}$
15. $\begin{array}{r} 2 \\ \times 5 \\ \hline \end{array}$

16. $\begin{array}{r} 2 \\ \times 7 \\ \hline \end{array}$
17. $\begin{array}{r} 1 \\ \times 2 \\ \hline \end{array}$
18. $\begin{array}{r} 2 \\ \times 0 \\ \hline \end{array}$
19. $\begin{array}{r} 2 \\ \times 4 \\ \hline \end{array}$
20. $\begin{array}{r} 9 \\ \times 2 \\ \hline \end{array}$

21. $\begin{array}{r} 6 \\ \times 2 \\ \hline \end{array}$
22. $\begin{array}{r} 9 \\ \times 2 \\ \hline \end{array}$
23. $\begin{array}{r} 1 \\ \times 2 \\ \hline \end{array}$
24. $\begin{array}{r} 5 \\ \times 2 \\ \hline \end{array}$
25. $\begin{array}{r} 3 \\ \times 2 \\ \hline \end{array}$

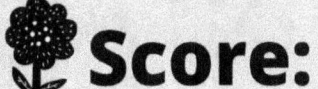
| | | | | |
|---|---|---|---|---|
| 1. **2**<br>x **5** | 2. **2**<br>x **7** | 3. **2**<br>x **9** | 4. **2**<br>x**3** | 5. **2**<br>x **1** |
| 6. **2**<br>x **1** | 7. **8**<br>x **2** | 8. **4**<br>x **2** | 9. **3**<br>x **2** | 10. **2**<br>x **1** |
| 11. **2**<br>x **9** | 12. **1**<br>x **2** | 13. **2**<br>x **1** | 14. **2**<br>x **7** | 15. **2**<br>x **5** |
| 16. **2**<br>x **7** | 17. **1**<br>x **2** | 18. **2**<br>x **0** | 19. **2**<br>x **4** | 20. **9**<br>x **2** |
| 21. **6**<br>x **2** | 22. **9**<br>x **2** | 23. **1**<br>x **2** | 24. **5**<br>x **2** | 25. **3**<br>x **2** |

1.  3
    x 5

2.  2
    x 3

3.  3
    x 9

4.  2
    x 3

5.  2
    x 3

6.  2
    x 3

7.  3
    x 2

8.  4
    x 3

9.  3
    x 3

10. 3
    x 1

11. 3
    x 9

12. 1
    x 3

13. 3
    x 1

14. 2
    x 3

15. 3
    x 5

16. 3
    x 7

17. 3
    x 2

18. 2
    x 3

19. 3
    x 4

20. 9
    x 3

21. 6
    x 3

22. 9
    x 3

23. 3
    x 2

24. 3
    x 2

25. 3
    x 2

1. 3
   x 5

2. 2
   x 3

3. 3
   x 9

4. 2
   x 3

5. 2
   x 3

6. 2
   x 3

7. 3
   x 2

8. 4
   x 3

9. 3
   x 3

10. 3
    x 1

11. 3
    x 9

12. 1
    x 3

13. 3
    x 1

14. 2
    x 3

15. 3
    x 5

16. 3
    x 7

17. 3
    x 2

18. 2
    x 3

19. 3
    x 4

20. 9
    x 3

21. 6
    x 3

22. 9
    x 3

23. 3
    x 2

24. 3
    x 2

25. 3
    x 2

1.  3
   x 5
___

2.  2
   x 3
___

3.  3
   x 9
___

4.  2
   x 3
___

5.  2
   x 3
___

6.  2
   x 3
___

7.  3
   x 2
___

8.  4
   x 3
___

9.  3
   x 3
___

10.  3
    x 1
___

11.  3
    x 9
___

12.  1
    x 3
___

13.  3
    x 1
___

14.  2
    x 3
___

15.  3
    x 5
___

16.  3
    x 7
___

17.  3
    x 2
___

18.  2
    x 3
___

19.  3
    x 4
___

20.  9
    x 3
___

21.  6
    x 3
___

22.  9
    x 3
___

23.  3
    x 2
___

24.  3
    x 2
___

25.  3
    x 2
___

1. $\begin{array}{r} 3 \\ \times\, 5 \\ \hline \end{array}$    2. $\begin{array}{r} 2 \\ \times\, 3 \\ \hline \end{array}$    3. $\begin{array}{r} 3 \\ \times\, 9 \\ \hline \end{array}$    4. $\begin{array}{r} 2 \\ \times 3 \\ \hline \end{array}$    5. $\begin{array}{r} 2 \\ \times\, 3 \\ \hline \end{array}$

6. $\begin{array}{r} 2 \\ \times\, 3 \\ \hline \end{array}$    7. $\begin{array}{r} 3 \\ \times\, 2 \\ \hline \end{array}$    8. $\begin{array}{r} 4 \\ \times\, 3 \\ \hline \end{array}$    9. $\begin{array}{r} 3 \\ \times\, 3 \\ \hline \end{array}$    10. $\begin{array}{r} 3 \\ \times\, 1 \\ \hline \end{array}$

11. $\begin{array}{r} 3 \\ \times\, 9 \\ \hline \end{array}$    12. $\begin{array}{r} 1 \\ \times\, 3 \\ \hline \end{array}$    13. $\begin{array}{r} 3 \\ \times\, 1 \\ \hline \end{array}$    14. $\begin{array}{r} 2 \\ \times\, 3 \\ \hline \end{array}$    15. $\begin{array}{r} 3 \\ \times\, 5 \\ \hline \end{array}$

16. $\begin{array}{r} 3 \\ \times\, 7 \\ \hline \end{array}$    17. $\begin{array}{r} 3 \\ \times\, 2 \\ \hline \end{array}$    18. $\begin{array}{r} 2 \\ \times\, 3 \\ \hline \end{array}$    19. $\begin{array}{r} 3 \\ \times\, 4 \\ \hline \end{array}$    20. $\begin{array}{r} 9 \\ \times\, 3 \\ \hline \end{array}$

21. $\begin{array}{r} 6 \\ \times\, 3 \\ \hline \end{array}$    22. $\begin{array}{r} 9 \\ \times\, 3 \\ \hline \end{array}$    23. $\begin{array}{r} 3 \\ \times\, 2 \\ \hline \end{array}$    24. $\begin{array}{r} 3 \\ \times\, 2 \\ \hline \end{array}$    25. $\begin{array}{r} 3 \\ \times\, 2 \\ \hline \end{array}$

1. **3**
   x **5**

2. **2**
   x **3**

3. **3**
   x **9**

4. **2**
   x**3**

5. **2**
   x **3**

6. **2**
   x **3**

7. **3**
   x **2**

8. **4**
   x **3**

9. **3**
   x **3**

10. **3**
    x **1**

11. **3**
    x **9**

12. **1**
    x **3**

13. **3**
    x **1**

14. **2**
    x **3**

15. **3**
    x **5**

16. **3**
    x **7**

17. **3**
    x **2**

18. **2**
    x **3**

19. **3**
    x **4**

20. **9**
    x **3**

21. **6**
    x **3**

22. **9**
    x **3**

23. **3**
    x **2**

24. **3**
    x **2**

25. **3**
    x **2**

1.  3
   x 5
   _____

2.  2
   x 3
   _____

3.  3
   x 9
   _____

4.  2
   x3
   _____

5.  2
   x 3
   _____

6.  2
   x 3
   _____

7.  3
   x 2
   _____

8.  4
   x 3
   _____

9.  3
   x 3
   _____

10.  3
   x 1
   _____

11.  3
   x 9
   _____

12.  1
   x 3
   _____

13.  3
   x 1
   _____

14.  2
   x 3
   _____

15.  3
   x 5
   _____

16.  3
   x 7
   _____

17.  3
   x 2
   _____

18.  2
   x 3
   _____

19.  3
   x 4
   _____

20.  9
   x 3
   _____

21.  6
   x 3
   _____

22.  9
   x 3
   _____

23.  3
   x 2
   _____

24.  3
   x 2
   _____

25.  3
   x 2
   _____

**Name:**_____ 🌻 **Score:**_____ **/ 25**

1.  **3**
    x **4**

2.  **4**
    x **3**

3.  **4**
    x **9**

4.  **2**
    x **4**

5.  **8**
    x **4**

6.  **4**
    x **9**

7.  **6**
    x **4**

8.  **5**
    x **3**

9.  **3**
    x **4**

10. **4**
    x **1**

11. **4**
    x **9**

12. **8**
    x **3**

13. **3**
    x **4**

14. **4**
    x **3**

15. **9**
    x **4**

16. **4**
    x **7**

17. **8**
    x **4**

18. **7**
    x **4**

19. **3**
    x **4**

20. **9**
    x **3**

21. **6**
    x **4**

22. **9**
    x **4**

23. **3**
    x **4**

24. **4**
    x **2**

25. **8**
    x **4**

1.  **3**
    x **4**

2.  **4**
    x **3**

3.  **4**
    x **9**

4.  **2**
    x **4**

5.  **8**
    x **4**

6.  **4**
    x **9**

7.  **6**
    x **4**

8.  **5**
    x **3**

9.  **3**
    x **4**

10.  **4**
    x **1**

11.  **4**
    x **9**

12.  **8**
    x **3**

13.  **3**
    x **4**

14.  **4**
    x **3**

15.  **9**
    x **4**

16.  **4**
    x **7**

17.  **8**
    x **4**

18.  **7**
    x **4**

19.  **3**
    x **4**

20.  **9**
    x **3**

21.  **6**
    x **4**

22.  **9**
    x **4**

23.  **3**
    x **4**

24.  **4**
    x **2**

25.  **8**
    x **4**

1.  3
   x 4

2.  4
   x 3

3.  4
   x 9

4.  2
   x 4

5.  8
   x 4

6.  4
   x 9

7.  6
   x 4

8.  5
   x 3

9.  3
   x 4

10.  4
    x 1

11.  4
    x 9

12.  8
    x 3

13.  3
    x 4

14.  4
    x 3

15.  9
    x 4

16.  4
    x 7

17.  8
    x 4

18.  7
    x 4

19.  3
    x 4

20.  9
    x 3

21.  6
    x 4

22.  9
    x 4

23.  3
    x 4

24.  4
    x 2

25.  8
    x 4

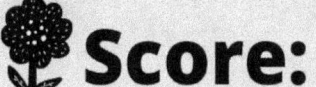

1.   **3**
   x **4**

2.   **4**
   x **3**

3.   **4**
   x **9**

4.   **2**
   x **4**

5.   **8**
   x **4**

6.   **4**
   x **9**

7.   **6**
   x **4**

8.   **5**
   x **3**

9.   **3**
   x **4**

10.   **4**
   x **1**

11.   **4**
   x **9**

12.   **8**
   x **3**

13.   **3**
   x **4**

14.   **4**
   x **3**

15.   **9**
   x **4**

16.   **4**
   x **7**

17.   **8**
   x **4**

18.   **7**
   x **4**

19.   **3**
   x **4**

20.   **9**
   x **3**

21.   **6**
   x **4**

22.   **9**
   x **4**

23.   **3**
   x **4**

24.   **4**
   x **2**

25.   **8**
   x **4**

**Name:**_____ 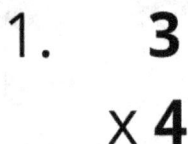 **Score:**_____ **/ 25**

1.  **3**
  x **4**

2.  **4**
  x **3**

3.  **4**
  x **9**

4.  **2**
  x **4**

5.  **8**
  x **4**

6.  **4**
  x **9**

7.  **6**
  x **4**

8.  **5**
  x **3**

9.  **3**
  x **4**

10.  **4**
  x **1**

11.  **4**
  x **9**

12.  **8**
  x **3**

13.  **3**
  x **4**

14.  **4**
  x **3**

15.  **9**
  x **4**

16.  **4**
  x **7**

17.  **8**
  x **4**

18.  **7**
  x **4**

19.  **3**
  x **4**

20.  **9**
  x **3**

21.  **6**
  x **4**

22.  **9**
  x **4**

23.  **3**
  x **4**

24.  **4**
  x **2**

25.  **8**
  x **4**

**Name:**_____ 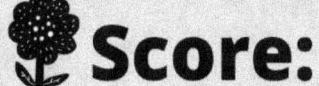 **Score:**_____ **/ 25**

1.  3
   x 4

2.  4
   x 3

3.  4
   x 9

4.  2
   x 4

5.  8
   x 4

6.  4
   x 9

7.  6
   x 4

8.  5
   x 3

9.  3
   x 4

10.  4
    x 1

11.  4
    x 9

12.  8
    x 3

13.  3
    x 4

14.  4
    x 3

15.  9
    x 4

16.  4
    x 7

17.  8
    x 4

18.  7
    x 4

19.  3
    x 4

20.  9
    x 3

21.  6
    x 4

22.  9
    x 4

23.  3
    x 4

24.  4
    x 2

25.  8
    x 4

1.  **3**
    x **4**
    _____

2.  **4**
    x **3**
    _____

3.  **4**
    x **9**
    _____

4.  **2**
    x **4**
    _____

5.  **8**
    x **4**
    _____

6.  **4**
    x **9**
    _____

7.  **6**
    x **4**
    _____

8.  **5**
    x **3**
    _____

9.  **3**
    x **4**
    _____

10. **4**
    x **1**
    _____

11. **4**
    x **9**
    _____

12. **8**
    x **3**
    _____

13. **3**
    x **4**
    _____

14. **4**
    x **3**
    _____

15. **9**
    x **4**
    _____

16. **4**
    x **7**
    _____

17. **8**
    x **4**
    _____

18. **7**
    x **4**
    _____

19. **3**
    x **4**
    _____

20. **9**
    x **3**
    _____

21. **6**
    x **4**
    _____

22. **9**
    x **4**
    _____

23. **3**
    x **4**
    _____

24. **4**
    x **2**
    _____

25. **8**
    x **4**
    _____

1.  **5**
   x **4**

2.  **5**
   x **3**

3.  **5**
   x **9**

4.  **2**
   x **5**

5.  **8**
   x **5**

6.  **5**
   x **9**

7.  **6**
   x **5**

8.  **5**
   x **3**

9.  **3**
   x **5**

10.  **5**
   x **1**

11.  **5**
   x **9**

12.  **8**
   x **5**

13.  **3**
   x **5**

14.  **5**
   x **3**

15.  **9**
   x **5**

16.  **5**
   x **7**

17.  **8**
   x **5**

18.  **7**
   x **5**

19.  **3**
   x **5**

20.  **9**
   x **5**

21.  **6**
   x **5**

22.  **9**
   x **5**

23.  **3**
   x **5**

24.  **5**
   x **6**

25.  **8**
   x **5**

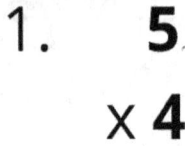

| | | | | |
|---|---|---|---|---|
| 1.   **5**<br>  x **4** | 2.   **5**<br>  x **3** | 3.   **5**<br>  x **9** | 4.   **2**<br>  x **5** | 5.   **8**<br>  x **5** |
| 6.   **5**<br>  x **9** | 7.   **6**<br>  x **5** | 8.   **5**<br>  x **3** | 9.   **3**<br>  x **5** | 10.   **5**<br>  x **1** |
| 11.   **5**<br>  x **9** | 12.   **8**<br>  x **5** | 13.   **3**<br>  x **5** | 14.   **5**<br>  x **3** | 15.   **9**<br>  x **5** |
| 16.   **5**<br>  x **7** | 17.   **8**<br>  x **5** | 18.   **7**<br>  x **5** | 19.   **3**<br>  x **5** | 20.   **9**<br>  x **5** |
| 21.   **6**<br>  x **5** | 22.   **9**<br>  x **5** | 23.   **3**<br>  x **5** | 24.   **5**<br>  x **6** | 25.   **8**<br>  x **5** |

1.  5
    x 4

2.  5
    x 3

3.  5
    x 9

4.  2
    x 5

5.  8
    x 5

6.  5
    x 9

7.  6
    x 5

8.  5
    x 3

9.  3
    x 5

10.  5
     x 1

11.  5
     x 9

12.  8
     x 5

13.  3
     x 5

14.  5
     x 3

15.  9
     x 5

16.  5
     x 7

17.  8
     x 5

18.  7
     x 5

19.  3
     x 5

20.  9
     x 5

21.  6
     x 5

22.  9
     x 5

23.  3
     x 5

24.  5
     x 6

25.  8
     x 5

1.  **5**
    x **4**

2.  **5**
    x **3**

3.  **5**
    x **9**

4.  **2**
    x **5**

5.  **8**
    x **5**

6.  **5**
    x **9**

7.  **6**
    x **5**

8.  **5**
    x **3**

9.  **3**
    x **5**

10.  **5**
    x **1**

11.  **5**
    x **9**

12.  **8**
    x **5**

13.  **3**
    x **5**

14.  **5**
    x **3**

15.  **9**
    x **5**

16.  **5**
    x **7**

17.  **8**
    x **5**

18.  **7**
    x **5**

19.  **3**
    x **5**

20.  **9**
    x **5**

21.  **6**
    x **5**

22.  **9**
    x **5**

23.  **3**
    x **5**

24.  **5**
    x **6**

25.  **8**
    x **5**

1.  5
    x 4

2.  5
    x 3

3.  5
    x 9

4.  2
    x 5

5.  8
    x 5

6.  5
    x 9

7.  6
    x 5

8.  5
    x 3

9.  3
    x 5

10. 5
    x 1

11. 5
    x 9

12. 8
    x 5

13. 3
    x 5

14. 5
    x 3

15. 9
    x 5

16. 5
    x 7

17. 8
    x 5

18. 7
    x 5

19. 3
    x 5

20. 9
    x 5

21. 6
    x 5

22. 9
    x 5

23. 3
    x 5

24. 5
    x 6

25. 8
    x 5

**Name:**_____ 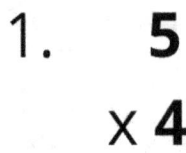 **Score:**_____ **/ 25**

1.　**5**　　2.　**5**　　3.　**5**　　4.　**2**　　5.　**8**
　　x **4**　　　x **3**　　　x **9**　　x **5**　　x **5**

6.　**5**　　7.　**6**　　8.　**5**　　9.　**3**　　10.　**5**
　x **9**　　　x **5**　　　x **3**　　x **5**　　　x **1**

11.　**5**　　12.　**8**　　13.　**3**　　14.　**5**　　15.　**9**
　x **9**　　　x **5**　　　x **5**　　　x **3**　　　x **5**

16.　**5**　　17.　**8**　　18.　**7**　　19.　**3**　　20.　**9**
　x **7**　　　x **5**　　　x **5**　　　x **5**　　　x **5**

21.　**6**　　22.　**9**　　23.　**3**　　24.　**5**　25.　**8**
　x **5**　　　x **5**　　　x **5**　　　x **6**　　x **5**

1.  **5**
    x**4**
    _____

2.  **5**
    x**3**
    _____

3.  **5**
    x**9**
    _____

4.  **2**
    x **5**
    _____

5.  **8**
    x **5**
    _____

6.  **5**
    x**9**
    _____

7.  **6**
    x **5**
    _____

8.  **5**
    x **3**
    _____

9.  **3**
    x **5**
    _____

10. **5**
    x **1**
    _____

11. **5**
    x **9**
    _____

12. **8**
    x **5**
    _____

13. **3**
    x **5**
    _____

14. **5**
    x **3**
    _____

15. **9**
    x **5**
    _____

16. **5**
    x **7**
    _____

17. **8**
    x **5**
    _____

18. **7**
    x **5**
    _____

19. **3**
    x **5**
    _____

20. **9**
    x **5**
    _____

21. **6**
    x **5**
    _____

22. **9**
    x **5**
    _____

23. **3**
    x **5**
    _____

24. **5**
    x **6**
    _____

25. **8**
    x **5**
    _____

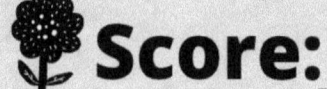
1.  6
    x 4

2.  5
    x 6

3.  6
    x 9

4.  2
    x 6

5.  6
    x 5

6.  6
    x 9

7.  6
    x 6

8.  6
    x 3

9.  3
    x 6

10. 5
    x 6

11. 6
    x 9

12. 6
    x 9

13. 6
    x 3

14. 5
    x 6

15. 9
    x 5

16. 6
    x 7

17. 1
    x 6

18. 6
    x 5

19. 3
    x 6

20. 4
    x 6

21. 6
    x 9

22. 6
    x 5

23. 3
    x 6

24. 5
    x 6

25. 8
    x 6

1.   **6**
  x **4**

2.   **5**
  x **6**

3.   **6**
  x **9**

4.   **2**
  x **6**

5.   **6**
  x **5**

6.   **6**
  x **9**

7.   **6**
  x **6**

8.   **6**
  x **3**

9.   **3**
  x **6**

10.   **5**
  x **6**

11.   **6**
  x **9**

12.   **6**
  x **9**

13.   **6**
  x **3**

14.   **5**
  x **6**

15.   **9**
  x **5**

16.   **6**
  x **7**

17.   **1**
  x **6**

18.   **6**
  x **5**

19.   **3**
  x **6**

20.   **4**
  x **6**

21.   **6**
  x **9**

22.   **6**
  x **5**

23.   **3**
  x **6**

24.   **5**
  x **6**

25.   **8**
  x **6**

1.  6
   x 4
   _____

2.  5
   x 6
   _____

3.  6
   x 9
   _____

4.  2
   x 6
   _____

5.  6
   x 5
   _____

6.  6
   x 9
   _____

7.  6
   x 6
   _____

8.  6
   x 3
   _____

9.  3
   x 6
   _____

10.  5
    x 6
    _____

11.  6
    x 9
    _____

12.  6
    x 9
    _____

13.  6
    x 3
    _____

14.  5
    x 6
    _____

15.  9
    x 5
    _____

16.  6
    x 7
    _____

17.  1
    x 6
    _____

18.  6
    x 5
    _____

19.  3
    x 6
    _____

20.  4
    x 6
    _____

21.  6
    x 9
    _____

22.  6
    x 5
    _____

23.  3
    x 6
    _____

24.  5
    x 6
    _____

25.  8
    x 6
    _____

1.　6
　 x 4
____

2.　5
　 x 6
____

3.　6
　 x 9
____

4.　2
　 x 6
____

5.　6
　 x 5
____

6.　6
　 x 9
____

7.　6
　 x 6
____

8.　6
　 x 3
____

9.　3
　 x 6
____

10.　5
　 x 6
____

11.　6
　 x 9
____

12.　6
　 x 9
____

13.　6
　 x 3
____

14.　5
　 x 6
____

15.　9
　 x 5
____

16.　6
　 x 7
____

17.　1
　 x 6
____

18.　6
　 x 5
____

19.　3
　 x 6
____

20.　4
　 x 6
____

21.　6
　 x 9
____

22.　6
　 x 5
____

23.　3
　 x 6
____

24.　5
　 x 6
____

25.　8
　 x 6
____

**Name:**_____ 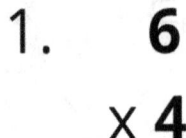 **Score:**_____ **/ 25**

1.  6
   x 4

2.  5
   x 6

3.  6
   x 9

4.  2
   x 6

5.  6
   x 5

6.  6
   x 9

7.  6
   x 6

8.  6
   x 3

9.  3
   x 6

10.  5
    x 6

11.  6
    x 9

12.  6
    x 9

13.  6
    x 3

14.  5
    x 6

15.  9
    x 5

16.  6
    x 7

17.  1
    x 6

18.  6
    x 5

19.  3
    x 6

20.  4
    x 6

21.  6
    x 9

22.  6
    x 5

23.  3
    x 6

24.  5
    x 6

25.  8
    x 6

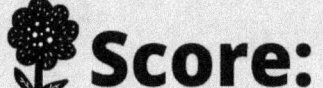
1.  **6**
   x **4**

2.  **5**
   x **6**

3.  **6**
   x **9**

4.  **2**
  x **6**

5.  **6**
  x **5**

6.  **6**
  x **9**

7.  **6**
  x **6**

8.  **6**
  x **3**

9.  **3**
  x **6**

10.  **5**
  x **6**

11.  **6**
  x **9**

12.  **6**
  x **9**

13.  **6**
  X **3**

14.  **5**
  x **6**

15.  **9**
  x **5**

16.  **6**
  x **7**

17.  **1**
  x **6**

18.  **6**
  x **5**

19.  **3**
  x **6**

20.  **4**
  x **6**

21.  **6**
  x **9**

22.  **6**
  x **5**

23.  **3**
  x **6**

24.  **5**
  x **6**

25.  **8**
  x **6**

1.  **6**
    x **4**
    _____

2.  **5**
    x **6**
    _____

3.  **6**
    x **9**
    _____

4.  **2**
    x **6**
    _____

5.  **6**
    x **5**
    _____

6.  **6**
    x **9**
    _____

7.  **6**
    x **6**
    _____

8.  **6**
    x **3**
    _____

9.  **3**
    x **6**
    _____

10. **5**
    x **6**
    _____

11. **6**
    x **9**
    _____

12. **6**
    x **9**
    _____

13. **6**
    x **3**
    _____

14. **5**
    x **6**
    _____

15. **9**
    x **5**
    _____

16. **6**
    x **7**
    _____

17. **1**
    x **6**
    _____

18. **6**
    x **5**
    _____

19. **3**
    x **6**
    _____

20. **4**
    x **6**
    _____

21. **6**
    x **9**
    _____

22. **6**
    x **5**
    _____

23. **3**
    x **6**
    _____

24. **5**
    x **6**
    _____

25. **8**
    x **6**
    _____

**Name:**_____ 🌸 **Score:**_____ **/ 25**

1. $\begin{array}{r} 7 \\ \times\,4 \\ \hline \end{array}$
2. $\begin{array}{r} 5 \\ \times\,7 \\ \hline \end{array}$
3. $\begin{array}{r} 7 \\ \times\,9 \\ \hline \end{array}$
4. $\begin{array}{r} 2 \\ \times\,7 \\ \hline \end{array}$
5. $\begin{array}{r} 6 \\ \times\,7 \\ \hline \end{array}$

6. $\begin{array}{r} 6 \\ \times\,7 \\ \hline \end{array}$
7. $\begin{array}{r} 9 \\ \times\,7 \\ \hline \end{array}$
8. $\begin{array}{r} 7 \\ \times\,3 \\ \hline \end{array}$
9. $\begin{array}{r} 7 \\ \times\,6 \\ \hline \end{array}$
10. $\begin{array}{r} 7 \\ \times\,8 \\ \hline \end{array}$

11. $\begin{array}{r} 7 \\ \times\,9 \\ \hline \end{array}$
12. $\begin{array}{r} 7 \\ \times\,1 \\ \hline \end{array}$
13. $\begin{array}{r} 7 \\ \times\,0 \\ \hline \end{array}$
14. $\begin{array}{r} 7 \\ \times\,6 \\ \hline \end{array}$
15. $\begin{array}{r} 7 \\ \times\,5 \\ \hline \end{array}$

16. $\begin{array}{r} 6 \\ \times\,7 \\ \hline \end{array}$
17. $\begin{array}{r} 7 \\ \times\,4 \\ \hline \end{array}$
18. $\begin{array}{r} 7 \\ \times\,5 \\ \hline \end{array}$
19. $\begin{array}{r} 3 \\ \times\,7 \\ \hline \end{array}$
20. $\begin{array}{r} 4 \\ \times\,7 \\ \hline \end{array}$

21. $\begin{array}{r} 7 \\ \times\,9 \\ \hline \end{array}$
22. $\begin{array}{r} 7 \\ \times\,5 \\ \hline \end{array}$
23. $\begin{array}{r} 3 \\ \times\,7 \\ \hline \end{array}$
24. $\begin{array}{r} 7 \\ \times\,2 \\ \hline \end{array}$
25. $\begin{array}{r} 8 \\ \times\,7 \\ \hline \end{array}$

**Name:**_____  **Score:**_____ **/ 25**

1.  **7**
    x **4**
____

2.  **5**
    x **7**
____

3.  **7**
    x **9**
____

4.  **2**
    x **7**
____

5.  **6**
    x **7**
____

6.  **6**
    x **7**
____

7.  **9**
    x **7**
____

8.  **7**
    x **3**
____

9.  **7**
    x **6**
____

10. **7**
    x **8**
____

11. **7**
    x **9**
____

12. **7**
    x **1**
____

13. **7**
    x **0**
____

14. **7**
    x **6**
____

15. **7**
    x **5**
____

16. **6**
    x **7**
____

17. **7**
    x **4**
____

18. **7**
    x **5**
____

19. **3**
    x **7**
____

20. **4**
    x **7**
____

21. **7**
    x **9**
____

22. **7**
    x **5**
____

23. **3**
    x **7**
____

24. **7**
    x **2**
____

25. **8**
    x **7**
____

1.  **7**
    x **4**

2.  **5**
    x **7**

3.  **7**
    x **9**

4.  **2**
    x **7**

5.  **6**
    x **7**

6.  **6**
    x **7**

7.  **9**
    x **7**

8.  **7**
    x **3**

9.  **7**
    x **6**

10. **7**
    x **8**

11. **7**
    x **9**

12. **7**
    x **1**

13. **7**
    x **0**

14. **7**
    x **6**

15. **7**
    x **5**

16. **6**
    x **7**

17. **7**
    x **4**

18. **7**
    x **5**

19. **3**
    x **7**

20. **4**
    x **7**

21. **7**
    x **9**

22. **7**
    x **5**

23. **3**
    x **7**

24. **7**
    x **2**

25. **8**
    x **7**

1.  7
    x 4
    _____

2.  5
    x 7
    _____

3.  7
    x 9
    _____

4.  2
    x 7
    _____

5.  6
    x 7
    _____

6.  6
    x 7
    _____

7.  9
    x 7
    _____

8.  7
    x 3
    _____

9.  7
    x 6
    _____

10. 7
    x 8
    _____

11. 7
    x 9
    _____

12. 7
    x 1
    _____

13. 7
    x 0
    _____

14. 7
    x 6
    _____

15. 7
    x 5
    _____

16. 6
    x 7
    _____

17. 7
    x 4
    _____

18. 7
    x 5
    _____

19. 3
    x 7
    _____

20. 4
    x 7
    _____

21. 7
    x 9
    _____

22. 7
    x 5
    _____

23. 3
    x 7
    _____

24. 7
    x 2
    _____

25. 8
    x 7
    _____

1.  **7**
    x **4**
    _____

2.  **5**
    x **7**
    _____

3.  **7**
    x **9**
    _____

4.  **2**
    x **7**
    _____

5.  **6**
    x **7**
    _____

6.  **6**
    x **7**
    _____

7.  **9**
    x **7**
    _____

8.  **7**
    x **3**
    _____

9.  **7**
    x **6**
    _____

10. **7**
    x **8**
    _____

11. **7**
    x **9**
    _____

12. **7**
    x **1**
    _____

13. **7**
    x **0**
    _____

14. **7**
    x **6**
    _____

15. **7**
    x **5**
    _____

16. **6**
    x **7**
    _____

17. **7**
    x **4**
    _____

18. **7**
    x **5**
    _____

19. **3**
    x **7**
    _____

20. **4**
    x **7**
    _____

21. **7**
    x **9**
    _____

22. **7**
    x **5**
    _____

23. **3**
    x **7**
    _____

24. **7**
    x **2**
    _____

25. **8**
    x **7**
    _____

**Name:**_____ 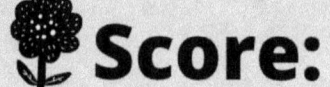 **Score:**_____ **/ 25**

1.  **7**
  x **4**

2.  **5**
  x **7**

3.  **7**
  x **9**

4.  **2**
  x **7**

5.  **6**
  x **7**

6.  **6**
  x **7**

7.  **9**
  x **7**

8.  **7**
  x **3**

9.  **7**
  x **6**

10.  **7**
  x **8**

11.  **7**
  x **9**

12.  **7**
  x **1**

13.  **7**
  x **0**

14.  **7**
  x **6**

15.  **7**
  x **5**

16.  **6**
  x **7**

17.  **7**
  x **4**

18.  **7**
  x **5**

19.  **3**
  x **7**

20.  **4**
  x **7**

21.  **7**
  x **9**

22.  **7**
  x **5**

23.  **3**
  x **7**

24.  **7**
  x **2**

25.  **8**
  x **7**

1.  **7**
    x **4**

2.  **5**
    x **7**

3.  **7**
    x **9**

4.  **2**
    x **7**

5.  **6**
    x **7**

6.  **6**
    x **7**

7.  **9**
    x **7**

8.  **7**
    x **3**

9.  **7**
    x **6**

10.  **7**
    x **8**

11.  **7**
    x **9**

12.  **7**
    x **1**

13.  **7**
    x **0**

14.  **7**
    x **6**

15.  **7**
    x **5**

16.  **6**
    x **7**

17.  **7**
    x **4**

18.  **7**
    x **5**

19.  **3**
    x **7**

20.  **4**
    x **7**

21.  **7**
    x **9**

22.  **7**
    x **5**

23.  **3**
    x **7**

24.  **7**
    x **2**

25.  **8**
    x **7**

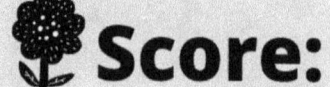
1.  9
   x 8
   ____

2.  5
   x 8
   ____

3.  9
   x 8
   ____

4.  7
   x 8
   ____

5.  6
   x 8
   ____

6.  9
   x 8
   ____

7.  8
   x 1
   ____

8.  8
   x 3
   ____

9.  8
   x 8
   ____

10.  8
   x 5
   ____

11.  8
   x 8
   ____

12.  8
   x 9
   ____

13.  8
   x 0
   ____

14 .  8
   x 6
   ____

15.  8
   x 8
   ____

16.  6
   x 8
   ____

17.  8
   x 4
   ____

18.  8
   x 5
   ____

19.  3
   x 8
   ____

20.  4
   x 8
   ____

21.  8
   x 8
   ____

22.  11
   x 8
   ____

23.  3
   x 8
   ____

24.  8
   x 2
   ____

25.  9
   x 7
   ____

1.  9
   x 8
   _____

2.  5
   x 8
   _____

3.  9
   x 8
   _____

4.  7
   x 8
   _____

5.  6
   x 8
   _____

6.  9
   x 8
   _____

7.  8
   x 1
   _____

8.  8
   x 3
   _____

9.  8
   x 8
   _____

10.  8
    x 5
    _____

11.  8
    x 8
    _____

12.  8
    x 9
    _____

13.  8
    x 0
    _____

14.  8
    x 6
    _____

15.  8
    x 8
    _____

16.  6
    x 8
    _____

17.  8
    x 4
    _____

18.  8
    x 5
    _____

19.  3
    x 8
    _____

20.  4
    x 8
    _____

21.  8
    x 8
    _____

22.  11
    x 8
    _____

23.  3
    x 8
    _____

24.  8
    x 2
    _____

25.  9
    x 7
    _____

**Name:**_____ 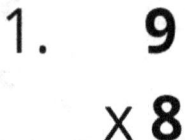 **Score:**____ **/ 25**

1.  9
   x 8
_____

2.  5
   x 8
_____

3.  9
   x 8
_____

4.  7
   x 8
_____

5.  6
   x 8
_____

6.  9
   x 8
_____

7.  8
   x 1
_____

8.  8
   x 3
_____

9.  8
   x 8
_____

10.  8
    x 5
_____

11.  8
    x 8
_____

12.  8
    x 9
_____

13.  8
    x 0
_____

14.  8
    x 6
_____

15.  8
    x 8
_____

16.  6
    x 8
_____

17.  8
    x 4
_____

18.  8
    x 5
_____

19.  3
    x 8
_____

20.  4
    x 8
_____

21.  8
    x 8
_____

22.  11
    x 8
_____

23.  3
    x 8
_____

24.  8
    x 2
_____

25.  9
    x 7
_____

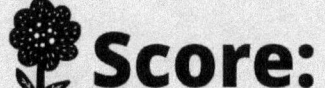

1.   **9**
   x **8**

2.   **5**
   x **8**

3.   **9**
   x **8**

4.   **7**
   x **8**

5.   **6**
   x **8**

6.   **9**
   x **8**

7.   **8**
   x **1**

8.   **8**
   x **3**

9.   **8**
   x **8**

10.   **8**
   x **5**

11.   **8**
   x **8**

12.   **8**
   x **9**

13.   **8**
   x **0**

14.   **8**
   x **6**

15.   **8**
   x **8**

16.   **6**
   x **8**

17.   **8**
   x **4**

18.   **8**
   x **5**

19.   **3**
   x **8**

20.   **4**
   x **8**

21.   **8**
   x **8**

22.   **11**
   x **8**

23.   **3**
   x **8**

24.   **8**
   x **2**

25.   **9**
   x **7**

**Name:**_____  **Score:**_____ **/ 25**

1.  9
   x 8

2.  5
   x 8

3.  9
   x 8

4.  7
   x 8

5.  6
   x 8

6.  9
   x 8

7.  8
   x 1

8.  8
   x 3

9.  8
   x 8

10.  8
    x 5

11.  8
    x 8

12.  8
    x 9

13.  8
    x 0

14.  8
    x 6

15.  8
    x 8

16.  6
    x 8

17.  8
    x 4

18.  8
    x 5

19.  3
    x 8

20.  4
    x 8

21.  8
    x 8

22.  11
    x 8

23.  3
    x 8

24.  8
    x 2

25.  9
    x 7

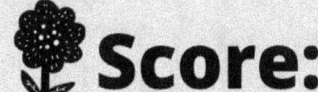

1.  9
    x 8
    ___

2.  5
    x 8
    ___

3.  9
    x 8
    ___

4.  7
    x 8
    ___

5.  6
    x 8
    ___

6.  9
    x 8
    ___

7.  8
    x 1
    ___

8.  8
    x 3
    ___

9.  8
    x 8
    ___

10.  8
     x 5
     ___

11.  8
     x 8
     ___

12.  8
     x 9
     ___

13.  8
     x 0
     ___

14.  8
     x 6
     ___

15.  8
     x 8
     ___

16.  6
     x 8
     ___

17.  8
     x 4
     ___

18.  8
     x 5
     ___

19.  3
     x 8
     ___

20.  4
     x 8
     ___

21.  8
     x 8
     ___

22.  11
     x 8
     ___

23.  3
     x 8
     ___

24.  8
     x 2
     ___

25.  9
     x 7
     ___

**Name:**_____ **Score:**_____**/ 25**

1.    9
   x **8**

2.    **5**
   x **8**

3.    9
   x **8**

4.    **7**
   x **8**

5.    **6**
   x **8**

6.    **9**
   x **8**

7.    **8**
   x **1**

8.    **8**
   x **3**

9.    **8**
   x **8**

10.    **8**
   x **5**

11.    **8**
   x **8**

12.    **8**
   x **9**

13.    **8**
   x **0**

14.    **8**
   x **6**

15.    **8**
   x **8**

16.    **6**
   x **8**

17.    **8**
   x **4**

18.    **8**
   x **5**

19.    **3**
   x **8**

20.    **4**
   x **8**

21.    **8**
   x **8**

22.    **11**
   x **8**

23.    **3**
   x **8**

24.    **8**
   x **2**

25.    **9**
   x **7**

1.  9
    x 4

2.  5
    x 9

3.  9
    x 9

4.  7
    x 9

5.  6
    x 9

6.  9
    x 8

7.  9
    x 1

8.  9
    x 3

9.  8
    x 9

10. 9
    x 5

11. 8
    x 9

12. 8
    x 9

13. 9
    x 0

14. 9
    x 6

15. 8
    x 9

16. 6
    x 9

17. 9
    x 4

18. 9
    x 5

19. 3
    x 9

20. 4
    x 9

21. 8
    x 9

22. 9
    x 9

23. 3
    x 9

24. 9
    x 2

25. 9
    x 7

**Name:**_____ 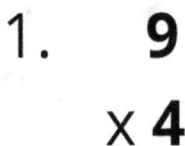 **Score:**_____ **/ 25**

1.  9
  x 4

2.  5
  x 9

3.  9
  x 9

4.  7
  x 9

5.  6
  x 9

6.  9
  x 8

7.  9
  x 1

8.  9
  x 3

9.  8
  x 9

10.  9
  x 5

11.  8
  x 9

12.  8
  x 9

13.  9
  x 0

14.  9
  x 6

15.  8
  x 9

16.  6
  x 9

17.  9
  x 4

18.  9
  x 5

19.  3
  x 9

20.  4
  x 9

21.  8
  x 9

22.  9
  x 9

23.  3
  x 9

24.  9
  x 2

25.  9
  x 7

**Name:**_____ 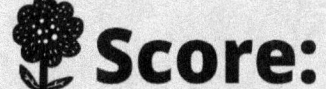 **Score:** _____ **/ 25**

1.  9
    x 4

2.  5
    x 9

3.  9
    x 9

4.  7
    x 9

5.  6
    x 9

6.  9
    x 8

7.  9
    x 1

8.  9
    x 3

9.  8
    x 9

10. 9
    x 5

11. 8
    x 9

12. 8
    x 9

13. 9
    x 0

14. 9
    x 6

15. 8
    x 9

16. 6
    x 9

17. 9
    x 4

18. 9
    x 5

19. 3
    x 9

20. 4
    x 9

21. 8
    x 9

22. 9
    x 9

23. 3
    x 9

24. 9
    x 2

25. 9
    x 7

**Name:**_____ 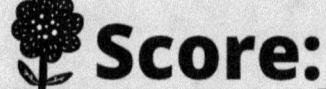 **Score:**_____ **/ 25**

1.  9
    x 4

2.  5
    x 9

3.  9
    x 9

4.  7
    x 9

5.  6
    x 9

6.  9
    x 8

7.  9
    x 1

8.  9
    x 3

9.  8
    x 9

10.  9
     x 5

11.  8
     x 9

12.  8
     x 9

13.  9
     x 0

14 .  9
      x 6

15.  8
     x 9

16.  6
     x 9

17.  9
     x 4

18.  9
     x 5

19.  3
     x 9

20.  4
     x 9

21.  8
     x 9

22.  9
     x 9

23.  3
     x 9

24.  9
     x 2

25.  9
     x 7

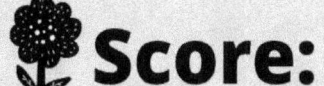
1.  **9**
    x **4**

2.  **5**
    x **9**

3.  **9**
    x **9**

4.  **7**
    x **9**

5.  **6**
    x **9**

6.  **9**
    x **8**

7.  **9**
    x **1**

8.  **9**
    x **3**

9.  **8**
    x **9**

10. **9**
    x **5**

11. **8**
    x **9**

12. **8**
    x **9**

13. **9**
    x **0**

14. **9**
    x **6**

15. **8**
    x **9**

16. **6**
    x **9**

17. **9**
    x **4**

18. **9**
    x **5**

19. **3**
    x **9**

20. **4**
    x **9**

21. **8**
    x **9**

22. **9**
    x **9**

23. **3**
    x **9**

24. **9**
    x **2**

25. **9**
    x **7**

1.  9
   x 4

2.  5
   x 9

3.  9
   x 9

4.  7
   x 9

5.  6
   x 9

6.  9
   x 8

7.  9
   x 1

8.  9
   x 3

9.  8
   x 9

10.  9
    x 5

11.  8
    x 9

12.  8
    x 9

13.  9
    x 0

14 .  9
    x 6

15.  8
    x 9

16.  6
    x 9

17.  9
    x 4

18.  9
    x 5

19.  3
    x 9

20.  4
    x 9

21.  8
    x 9

22.  9
    x 9

23.  3
    x 9

24.  9
    x 2

25.  9
    x 7

1.  **9**
    x **10**
    _____

2.  **5**
    x **10**
    _____

3.  **9**
    x **10**
    _____

4.  **7**
    x **10**
    _____

5.  **6**
    x **10**
    _____

6.  **9**
    x **10**
    _____

7.  **10**
    x **1**
    _____

8.  **10**
    x **3**
    _____

9.  **8**
    x **10**
    _____

10. **10**
    x **5**
    _____

11. **8**
    x **10**
    _____

12. **10**
    x **9**
    _____

13. **10**
    x **0**
    _____

14. **10**
    x **6**
    _____

15. **8**
    x **10**
    _____

16. **6**
    x **10**
    _____

17. **10**
    x **4**
    _____

18. **10**
    x **5**
    _____

19. **3**
    x **10**
    _____

20. **4**
    x **10**
    _____

21. **8**
    x **10**
    _____

22. **10**
    x **9**
    _____

23. **3**
    x **10**
    _____

24. **10**
    x **2**
    _____

25. **10**
    x **7**
    _____

**Name:**_____ 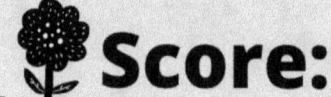 **Score:**_____ **/ 25**

1.   **9**
  x **10**
_____

2.   **5**
  x **10**
_____

3.   **9**
  x **10**
_____

4.   **7**
  x **10**
_____

5.   **6**
  x **10**
_____

6.   **9**
  x **10**
_____

7.   **10**
  x **1**
_____

8.   **10**
  x **3**
_____

9.   **8**
  x **10**
_____

10.   **10**
  x **5**
_____

11.   **8**
  x **10**
_____

12.   **10**
  x **9**
_____

13.   **10**
  x **0**
_____

14.   **10**
  x **6**
_____

15.   **8**
  x **10**
_____

16.   **6**
  x **10**
_____

17.   **10**
  x **4**
_____

18.   **10**
  x **5**
_____

19.   **3**
  x **10**
_____

20.   **4**
  x **10**
_____

21.   **8**
  x **10**
_____

22.   **10**
  x **9**
_____

23.   **3**
  x **10**
_____

24.   **10**
  x **2**
_____

25.   **10**
  x **7**
_____

1.  **9**
    x **10**

2.  **5**
    x **10**

3.  **9**
    x **10**

4.  **7**
    x **10**

5.  **6**
    x **10**

6.  **9**
    x **10**

7.  **10**
    x **1**

8.  **10**
    x **3**

9.  **8**
    x **10**

10. **10**
    x **5**

11. **8**
    x **10**

12. **10**
    x **9**

13. **10**
    x **0**

14. **10**
    x **6**

15. **8**
    x **10**

16. **6**
    x **10**

17. **10**
    x **4**

18. **10**
    x **5**

19. **3**
    x **10**

20. **4**
    x **10**

21. **8**
    x **10**

22. **10**
    x **9**

23. **3**
    x **10**

24. **10**
    x **2**

25. **10**
    x **7**

**Name:**_____ 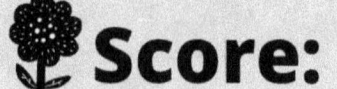 **Score:**_____ **/ 25**

1.  9
    x 10
    ___

2.  5
    x 10
    ___

3.  9
    x 10
    ___

4.  7
    x 10
    ___

5.  6
    x 10
    ___

6.  9
    x 10
    ___

7.  10
    x 1
    ___

8.  10
    x 3
    ___

9.  8
    x 10
    ___

10. 10
    x 5
    ___

11. 8
    x 10
    ___

12. 10
    x 9
    ___

13. 10
    x 0
    ___

14. 10
    x 6
    ___

15. 8
    x 10
    ___

16. 6
    x 10
    ___

17. 10
    x 4
    ___

18. 10
    x 5
    ___

19. 3
    x 10
    ___

20. 4
    x 10
    ___

21. 8
    x 10
    ___

22. 10
    x 9
    ___

23. 3
    x 10
    ___

24. 10
    x 2
    ___

25. 10
    x 7
    ___

1.  9
    x 10

2.  5
    x 10

3.  9
    x 10

4.  7
    x 10

5.  6
    x 10

6.  9
    x 10

7.  10
    x 1

8.  10
    x 3

9.  8
    x 10

10. 10
    x 5

11. 8
    x 10

12. 10
    x 9

13. 10
    x 0

14. 10
    x 6

15. 8
    x 10

16. 6
    x 10

17. 10
    x 4

18. 10
    x 5

19. 3
    x 10

20. 4
    x 10

21. 8
    x 10

22. 10
    x 9

23. 3
    x 10

24. 10
    x 2

25. 10
    x 7

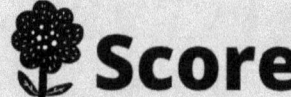
1.  **9**
    x **10**
    ____

2.  **5**
    x **10**
    ____

3.  **9**
    x **10**
    ____

4.  **7**
    x **10**
    ____

5.  **6**
    x **10**
    ____

6.  **9**
    x **10**
    ____

7.  **10**
    x **1**
    ____

8.  **10**
    x **3**
    ____

9.  **8**
    x **10**
    ____

10.  **10**
     x **5**
     ____

11.  **8**
     x **10**
     ____

12.  **10**
     x **9**
     ____

13.  **10**
     x **0**
     ____

14.  **10**
     x **6**
     ____

15.  **8**
     x **10**
     ____

16.  **6**
     x **10**
     ____

17.  **10**
     x **4**
     ____

18.  **10**
     x **5**
     ____

19.  **3**
     x **10**
     ____

20.  **4**
     x **10**
     ____

21.  **8**
     x **10**
     ____

22.  **10**
     x **9**
     ____

23.  **3**
     x **10**
     ____

24.  **10**
     x **2**
     ____

25.  **10**
     x **7**
     ____

**Name:**_____ 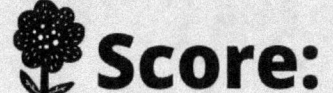 **Score:**_____ **/ 25**

1.  **9**
    x **10**
    _____

2.  **5**
    x **10**
    _____

3.  **9**
    x **10**
    _____

4.  **7**
    x **10**
    _____

5.  **6**
    x **10**
    _____

6.  **9**
    x **10**
    _____

7.  **10**
    x **1**
    _____

8.  **10**
    x **3**
    _____

9.  **8**
    x **10**
    _____

10. **10**
    x **5**
    _____

11. **8**
    x **10**
    _____

12. **10**
    x **9**
    _____

13. **10**
    x **0**
    _____

14. **10**
    x **6**
    _____

15. **8**
    x **10**
    _____

16. **6**
    x **10**
    _____

17. **10**
    x **4**
    _____

18. **10**
    x **5**
    _____

19. **3**
    x **10**
    _____

20. **4**
    x **10**
    _____

21. **8**
    x **10**
    _____

22. **10**
    x **9**
    _____

23. **3**
    x **10**
    _____

24. **10**
    x **2**
    _____

25. **10**
    x **7**
    _____

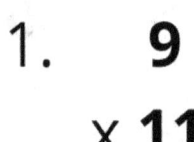
1.   **9**
    x **11**
_____

2.   **5**
    x **12**
_____

3.   **9**
    x **12**
_____

4.   **7**
    x **12**
_____

5.   **6**
    x **11**
_____

6.   **9**
    x **12**
_____

7.   **11**
    x **1**
_____

8.   **12**
    x **3**
_____

9.   **8**
    x **11**
_____

10.   **11**
     x **5**
_____

11.   **8**
     x **12**
_____

12.   **11**
     x **9**
_____

13.   **12**
     x **0**
_____

14.   **11**
     x **6**
_____

15.   **8**
     x **12**
_____

16.   **6**
     x **11**
_____

17.   **12**
     x **4**
_____

18.   **11**
     x **5**
_____

19.   **3**
     x **12**
_____

20.   **4**
     x **11**
_____

21.   **8**
     x **12**
_____

22.   **11**
     x **12**
_____

23.   **3**
     x **12**
_____

24.   **11**
     x **2**
_____

25.   **11**
     x **7**
_____

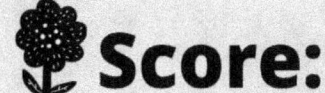

1.  **9**
    x **11**

2.  **5**
    x **12**

3.  **9**
    x **12**

4.  **7**
    x **12**

5.  **6**
    x **11**

6.  **9**
    x **12**

7.  **11**
    x **1**

8.  **12**
    x **3**

9.  **8**
    x **11**

10. **11**
    x **5**

11. **8**
    x **12**

12. **11**
    x **9**

13. **12**
    x **0**

14. **11**
    x **6**

15. **8**
    x **12**

16. **6**
    x **11**

17. **12**
    x **4**

18. **11**
    x **5**

19. **3**
    x **12**

20. **4**
    x **11**

21. **8**
    x **12**

22. **11**
    x **12**

23. **3**
    x **12**

24. **11**
    x **2**

25. **11**
    x **7**

1.   **9**
  x **11**
_____

2.   **5**
  x **12**
_____

3.   **9**
  x **12**
_____

4.   **7**
  x **12**
_____

5.   **6**
  x **11**
_____

6.   **9**
  x **12**
_____

7.   **11**
  x **1**
_____

8.   **12**
  x **3**
_____

9.   **8**
  x **11**
_____

10.   **11**
  x **5**
_____

11.   **8**
  x **12**
_____

12.   **11**
  x **9**
_____

13.   **12**
  x **0**
_____

14.   **11**
  x **6**
_____

15.   **8**
  x **12**
_____

16.   **6**
  x **11**
_____

17.   **12**
  x **4**
_____

18.   **11**
  x **5**
_____

19.   **3**
  x **12**
_____

20.   **4**
  x **11**
_____

21.   **8**
  x **12**
_____

22.   **11**
  x **12**
_____

23.   **3**
  x **12**
_____

24.   **11**
  x **2**
_____

25.   **11**
  x **7**
_____

1.  **9**
    x **11**

2.  **5**
    x **12**

3.  **9**
    x **12**

4.  **7**
    x **12**

5.  **6**
    x **11**

6.  **9**
    x **12**

7.  **11**
    x **1**

8.  **12**
    x **3**

9.  **8**
    x **11**

10. **11**
    x **5**

11. **8**
    x **12**

12. **11**
    x **9**

13. **12**
    x **0**

14. **11**
    x **6**

15. **8**
    x **12**

16. **6**
    x **11**

17. **12**
    x **4**

18. **11**
    x **5**

19. **3**
    x **12**

20. **4**
    x **11**

21. **8**
    x **12**

22. **11**
    x **12**

23. **3**
    x **12**

24. **11**
    x **2**

25. **11**
    x **7**

**Name:**_____  **Score:**_____ **/ 25**

1.   **9**
  x **11**
_____

2.   **5**
  x **12**
_____

3.   **9**
  x **12**
_____

4.   **7**
  x **12**
_____

5.   **6**
  x **11**
_____

6.   **9**
  x **12**
_____

7.   **11**
  x **1**
_____

8.   **12**
  x **3**
_____

9.   **8**
  x **11**
_____

10.   **11**
  x **5**
_____

11.   **8**
  x **12**
_____

12.   **11**
  x **9**
_____

13.   **12**
  x **0**
_____

14.   **11**
  x **6**
_____

15.   **8**
  x **12**
_____

16.   **6**
  x **11**
_____

17.   **12**
  x **4**
_____

18.   **11**
  x **5**
_____

19.   **3**
  x **12**
_____

20.   **4**
  x **11**
_____

21.   **8**
  x **12**
_____

22.   **11**
  x **12**
_____

23.   **3**
  x **12**
_____

24.   **11**
  x **2**
_____

25.   **11**
  x **7**
_____

**Name:**_____ 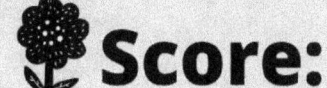 **Score:**_____ **/ 25**

1.   **9**
     x **11**

2.   **5**
     x **12**

3.   **9**
     x **12**

4.   **7**
     x **12**

5.   **6**
     x **11**

6.   **9**
     x **12**

7.   **11**
     x **1**

8.   **12**
     x **3**

9.   **8**
     x **11**

10.   **11**
      x **5**

11.   **8**
      x **12**

12.   **11**
      x **9**

13.   **12**
      x **0**

14 .   **11**
       x **6**

15.   **8**
      x **12**

16.   **6**
      x **11**

17.   **12**
      x **4**

18.   **11**
      x **5**

19.   **3**
      x **12**

20.   **4**
      x **11**

21.   **8**
      x **12**

22.   **11**
      x **12**

23.   **3**
      x **12**

24.   **11**
      x **2**

25.   **11**
      x **7**

1.  **9**
    x **11**
    _____

2.  **5**
    x **12**
    _____

3.  **9**
    x **12**
    _____

4.  **7**
    x **12**
    _____

5.  **6**
    x **11**
    _____

6.  **9**
    x **12**
    _____

7.  **11**
    x **1**
    _____

8.  **12**
    x **3**
    _____

9.  **8**
    x **11**
    _____

10. **11**
    x **5**
    _____

11. **8**
    x **12**
    _____

12. **11**
    x **9**
    _____

13. **12**
    x **0**
    _____

14. **11**
    x **6**
    _____

15. **8**
    x **12**
    _____

16. **6**
    x **11**
    _____

17. **12**
    x **4**
    _____

18. **11**
    x **5**
    _____

19. **3**
    x **12**
    _____

20. **4**
    x **11**
    _____

21. **8**
    x **12**
    _____

22. **11**
    x **12**
    _____

23. **3**
    x **12**
    _____

24. **11**
    x **2**
    _____

25. **11**
    x **7**
    _____

1.   **12**
   x **1**

2.   **3**
   x **8**

3.   **2**
   x **8**

4.   **4**
  x **14**

5.   **5**
  x **11**

6.   **2**
   x **8**

7.   **7**
   x **6**

8.   **6**
   x **3**

9.   **9**
   x **1**

10.   **5**
   x **8**

11.   **7**
   x **9**

12.   **11**
   x **9**

13.   **11**
   x **0**

14.   **12**
   x **6**

15.   **1**
  x **14**

16.   **1**
   x **0**

17.   **1**
   x **2**

18.   **3**
   x **5**

19.   **8**
   x **4**

20.   **1**
   x **5**

21.   **9**
   x **8**

22.   **7**
   x **0**

23.   **11**
  x **81**

24.   **6**
  x **10**

25.   **1**
  x **10**

1.  **12**
    x **1**

2.  **3**
    x **8**

3.  **2**
    x **8**

4.  **4**
    x **14**

5.  **5**
    x **11**

6.  **2**
    x **8**

7.  **7**
    x **6**

8.  **6**
    x **3**

9.  **9**
    x **1**

10. **5**
    x **8**

11. **7**
    x **9**

12. **11**
    x **9**

13. **11**
    x **0**

14. **12**
    x **6**

15. **1**
    x **14**

16. **1**
    x **0**

17. **1**
    x **2**

18. **3**
    x **5**

19. **8**
    x **4**

20. **1**
    x **5**

21. **9**
    x **8**

22. **7**
    x **0**

23. **11**
    x **81**

24. **6**
    x **10**

25. **1**
    x **10**

**Name:**_____  **Score:**_____ **/ 25**

1.  **12**
    x **1**
    _____

2.  **3**
    x **8**
    _____

3.  **2**
    x **8**
    _____

4.  **4**
    x **14**
    _____

5.  **5**
    x **11**
    _____

6.  **2**
    x **8**
    _____

7.  **7**
    x **6**
    _____

8.  **6**
    x **3**
    _____

9.  **9**
    x **1**
    _____

10.  **5**
    x **8**
    _____

11.  **7**
    x **9**
    _____

12.  **11**
    x **9**
    _____

13.  **11**
    x **0**
    _____

14 .  **12**
    x **6**
    _____

15.  **1**
    x **14**
    _____

16.  **1**
    x **0**
    _____

17.  **1**
    x **2**
    _____

18.  **3**
    x **5**
    _____

19.  **8**
    x **4**
    _____

20.  **1**
    x **5**
    _____

21.  **9**
    x **8**
    _____

22.  **7**
    x **0**
    _____

23.  **11**
    x **81**
    _____

24.  **6**
    x **10**
    _____

25.  **1**
    x **10**
    _____

1. **12**
   x **1**

2. **3**
   x **8**

3. **2**
   x **8**

4. **4**
   x **14**

5. **5**
   x **11**

6. **2**
   x **8**

7. **7**
   x **6**

8. **6**
   x **3**

9. **9**
   x **1**

10. **5**
    x **8**

11. **7**
    x **9**

12. **11**
    x **9**

13. **11**
    x **0**

14. **12**
    x **6**

15. **1**
    x **14**

16. **1**
    x **0**

17. **1**
    x **2**

18. **3**
    x **5**

19. **8**
    x **4**

20. **1**
    x **5**

21. **9**
    x **8**

22. **7**
    x **0**

23. **11**
    x **81**

24. **6**
    x **10**

25. **1**
    x **10**

1.   **12**     2.   **3**     3.   **2**     4.   **4**     5.   **5**
    x **1**      x **8**      x **8**    x **14**    x **11**

6.   **2**     7.   **7**     8.   **6**     9.   **9**     10.   **5**
    x **8**      x **6**      x **3**      x **1**      x **8**

11.   **7**     12.   **11**     13.   **11**     14.   **12**     15.   **1**
    x **9**      x **9**      x **0**      x **6**    x **14**

16.   **1**     17.   **1**     18.   **3**     19.   **8**     20.   **1**
    x **0**      x **2**      x **5**      x **4**      x **5**

21.   **9**     22.   **7**     23.   **11**     24.   **6**     25.   **1**
    x **8**      x **0**      x **81**    x **10**    x **10**

1.  **12**
    x **1**

2.  **3**
    x **8**

3.  **2**
    x **8**

4.  **4**
    x **14**

5.  **5**
    x **11**

6.  **2**
    x **8**

7.  **7**
    x **6**

8.  **6**
    x **3**

9.  **9**
    x **1**

10. **5**
    x **8**

11. **7**
    x **9**

12. **11**
    x **9**

13. **11**
    x **0**

14. **12**
    x **6**

15. **1**
    x **14**

16. **1**
    x **0**

17. **1**
    x **2**

18. **3**
    x **5**

19. **8**
    x **4**

20. **1**
    x **5**

21. **9**
    x **8**

22. **7**
    x **0**

23. **11**
    x **81**

24. **6**
    x **10**

25. **1**
    x **10**

**Name:**_____  **Score:** _____ **/ 25**

1.  **12**
    x **1**

2.  **3**
    x **8**

3.  **2**
    x **8**

4.  **4**
    x **14**

5.  **5**
    x **11**

6.  **2**
    x **8**

7.  **7**
    x **6**

8.  **6**
    x **3**

9.  **9**
    x **1**

10. **5**
    x **8**

11. **7**
    x **9**

12. **11**
    x **9**

13. **11**
    x **0**

14. **12**
    x **6**

15. **1**
    x **14**

16. **1**
    x **0**

17. **1**
    x **2**

18. **3**
    x **5**

19. **8**
    x **4**

20. **1**
    x **5**

21. **9**
    x **8**

22. **7**
    x **0**

23. **11**
    x **81**

24. **6**
    x **10**

25. **1**
    x **10**

1. **12**
   x **1**

2. **3**
   x **8**

3. **2**
   x **8**

4. **4**
   x **14**

5. **5**
   x **11**

6. **2**
   x **8**

7. **7**
   x **6**

8. **6**
   x **3**

9. **9**
   x **1**

10. **5**
    x **8**

11. **7**
    x **9**

12. **11**
    x **9**

13. **11**
    x **0**

14. **12**
    x **6**

15. **1**
    x **14**

16. **1**
    x **0**

17. **1**
    x **2**

18. **3**
    x **5**

19. **8**
    x **4**

20. **1**
    x **5**

21. **9**
    x **8**

22. **7**
    x **0**

23. **11**
    x **81**

24. **6**
    x **10**

25. **1**
    x **10**

1.   **12**
   x **1**

2.   **3**
   x **8**

3.   **2**
   x **8**

4.   **4**
  x **14**

5.   **5**
  x **11**

6.   **2**
   x **8**

7.   **7**
   x **6**

8.   **6**
   x **3**

9.   **9**
   x **1**

10.   **5**
   x **8**

11.   **7**
   x **9**

12.   **11**
   x **9**

13.   **11**
   x **0**

14.   **12**
   x **6**

15.   **1**
  x **14**

16.   **1**
   x **0**

17.   **1**
   x **2**

18.   **3**
   x **5**

19.   **8**
   x **4**

20.   **1**
   x **5**

21.   **9**
   x **8**

22.   **7**
   x **0**

23.   **11**
  x **81**

24.   **6**
  x **10**

25.   **1**
  x **10**

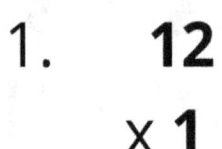
1.  **12**
    x **1**

2.  **3**
    x **8**

3.  **2**
    x **8**

4.  **4**
    x **14**

5.  **5**
    x **11**

6.  **2**
    x **8**

7.  **7**
    x **6**

8.  **6**
    x **3**

9.  **9**
    x **1**

10. **5**
    x **8**

11. **7**
    x **9**

12. **11**
    x **9**

13. **11**
    x **0**

14. **12**
    x **6**

15. **1**
    x **14**

16. **1**
    x **0**

17. **1**
    x **2**

18. **3**
    x **5**

19. **8**
    x **4**

20. **1**
    x **5**

21. **9**
    x **8**

22. **7**
    x **0**

23. **11**
    x **81**

24. **6**
    x **10**

25. **1**
    x **10**

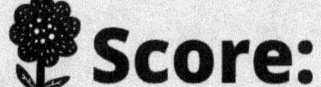

1.  **12**
    x **1**

2.  **3**
    x **8**

3.  **2**
    x **8**

4.  **4**
    x **14**

5.  **5**
    x **11**

6.  **2**
    x **8**

7.  **7**
    x **6**

8.  **6**
    x **3**

9.  **9**
    x **1**

10.  **5**
    x **8**

11.  **7**
    x **9**

12.  **11**
    x **9**

13.  **11**
    x **0**

14 .  **12**
    x **6**

15.  **1**
    x **14**

16.  **1**
    x **0**

17.  **1**
    x **2**

18.  **3**
    x **5**

19.  **8**
    x **4**

20.  **1**
    x **5**

21.  **9**
    x **8**

22.  **7**
    x **0**

23.  **11**
    x **81**

24.  **6**
    x **10**

25.  **1**
    x **10**

**Name:**_____ 🌼 **Score:**_____ **/ 25**

1.   **12**
  x **1**

2.   **3**
  x **8**

3.   **2**
  x **8**

4.   **4**
  x **14**

5.   **5**
  x **11**

6.   **2**
  x **8**

7.   **7**
  x **6**

8.   **6**
  x **3**

9.   **9**
  x **1**

10.   **5**
  x **8**

11.   **7**
  x **9**

12.   **11**
  x **9**

13.   **11**
  x **0**

14.   **12**
  x **6**

15.   **1**
  x **14**

16.   **1**
  x **0**

17.   **1**
  x **2**

18.   **3**
  x **5**

19.   **8**
  x **4**

20.   **1**
  x **5**

21.   **9**
  x **8**

22.   **7**
  x **0**

23.   **11**
  x **81**

24.   **6**
  x **10**

25.   **1**
  x **10**

1.   **12**
   x **1**

2.   **3**
   x **8**

3.   **2**
   x **8**

4.   **4**
  x **14**

5.   **5**
  x **11**

6.   **2**
   x **8**

7.   **7**
   x **6**

8.   **6**
   x **3**

9.   **9**
   x **1**

10.   **5**
   x **8**

11.   **7**
   x **9**

12.   **11**
   x **9**

13.   **11**
   x **0**

14.   **12**
   x **6**

15.   **1**
  x **14**

16.   **1**
   x **0**

17.   **1**
   x **2**

18.   **3**
   x **5**

19.   **8**
   x **4**

20.   **1**
   x **5**

21.   **9**
   x **8**

22.   **7**
   x **0**

23.   **11**
  x **81**

24.   **6**
  x **10**

25.   **1**
  x **10**

1.  **12**
    x **17**

2.  **23**
    x **8**

3.  **13**
    x **8**

4.  **7**
    x **14**

5.  **15**
    x **11**

6.  **12**
    x **8**

7.  **9**
    x **6**

8.  **6**
    x **3**

9.  **19**
    x **1**

10. **5**
    x **15**

11. **7**
    x **8**

12. **11**
    x **9**

13. **7**
    x **0**

14. **13**
    x **6**

15. **1**
    x **14**

16. **17**
    x **0**

17. **1**
    x **21**

18. **15**
    x **5**

19. **8**
    x **3**

20. **14**
    x **0**

21. **19**
    x **8**

22. **20**
    x **0**

23. **11**
    x **21**

24. **16**
    x **10**

25. **1**
    x **17**

1.   **12**
  x **17**

2.   **23**
  x **8**

3.   **13**
  x **8**

4.   **7**
  x **14**

5.   **15**
  x **11**

6.   **12**
  x **8**

7.   **9**
  x **6**

8.   **6**
  x **3**

9.   **19**
  x **1**

10.   **5**
  x **15**

11.   **7**
  x **8**

12.   **11**
  x **9**

13.   **7**
  x **0**

14.   **13**
  x **6**

15.   **1**
  x **14**

16.   **17**
  x **0**

17.   **1**
  x **21**

18.   **15**
  x **5**

19.   **8**
  x **3**

20.   **14**
  x **0**

21.   **19**
  x **8**

22.   **20**
  x **0**

23.   **11**
  x **21**

24.   **16**
  x **10**

25.   **1**
  x **17**

**Name:**_____ 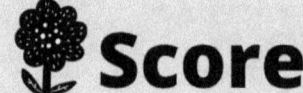 **Score:**_____ **/ 25**

1.  **12**
    x **17**
    _____

2.  **23**
    x **8**
    _____

3.  **13**
    x **8**
    _____

4.  **7**
    x **14**
    _____

5.  **15**
    x **11**
    _____

6.  **12**
    x **8**
    _____

7.  **9**
    x **6**
    _____

8.  **6**
    x **3**
    _____

9.  **19**
    x **1**
    _____

10. **5**
    x **15**
    _____

11. **7**
    x **8**
    _____

12. **11**
    x **9**
    _____

13. **7**
    x **0**
    _____

14. **13**
    x **6**
    _____

15. **1**
    x **14**
    _____

16. **17**
    x **0**
    _____

17. **1**
    x **21**
    _____

18. **15**
    x **5**
    _____

19. **8**
    x **3**
    _____

20. **14**
    x **0**
    _____

21. **19**
    x **8**
    _____

22. **20**
    x **0**
    _____

23. **11**
    x **21**
    _____

24. **16**
    x **10**
    _____

25. **1**
    x **17**
    _____

1.　**12**
　　x **17**

2.　**23**
　　x **8**

3.　**13**
　　x **8**

4.　**7**
　x **14**

5.　**15**
　x **11**

6.　**12**
　　x **8**

7.　**9**
　x **6**

8.　**6**
　x **3**

9.　**19**
　x **1**

10.　**5**
　x **15**

11.　**7**
　x **8**

12.　**11**
　x **9**

13.　**7**
　x **0**

14 .　**13**
　x **6**

15.　**1**
　x **14**

16.　**17**
　x **0**

17.　**1**
　x **21**

18.　**15**
　x **5**

19.　**8**
　x **3**

20.　**14**
　x **0**

21.　**19**
　x **8**

22.　**20**
　x **0**

23.　**11**
　x **21**

24.　**16**
　x **10**

25.　**1**
　x **17**

**Name:**_____ 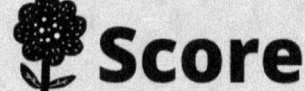 **Score:**_____ **/ 25**

1.  **12**
    x **17**

2.  **23**
    x **8**

3.  **13**
    x **8**

4.  **7**
    x **14**

5.  **15**
    x **11**

6.  **12**
    x **8**

7.  **9**
    x **6**

8.  **6**
    x **3**

9.  **19**
    x **1**

10.  **5**
    x **15**

11.  **7**
    x **8**

12.  **11**
    x **9**

13.  **7**
    x **0**

14.  **13**
    x **6**

15.  **1**
    x **14**

16.  **17**
    x **0**

17.  **1**
    x **21**

18.  **15**
    x **5**

19.  **8**
    x **3**

20.  **14**
    x **0**

21.  **19**
    x **8**

22.  **20**
    x **0**

23.  **11**
    x **21**

24.  **16**
    x **10**

25.  **1**
    x **17**

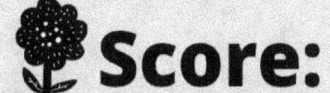
1.  **12**
    x **17**

2.  **23**
    x **8**

3.  **13**
    x **8**

4.  **7**
    x **14**

5.  **15**
    x **11**

6.  **12**
    x **8**

7.  **9**
    x **6**

8.  **6**
    x **3**

9.  **19**
    x **1**

10.  **5**
    x **15**

11.  **7**
    x **8**

12.  **11**
    x **9**

13.  **7**
    x **0**

14.  **13**
    x **6**

15.  **1**
    x **14**

16.  **17**
    x **0**

17.  **1**
    x **21**

18.  **15**
    x **5**

19.  **8**
    x **3**

20.  **14**
    x **0**

21.  **19**
    x **8**

22.  **20**
    x **0**

23.  **11**
    x **21**

24.  **16**
    x **10**

25.  **1**
    x **17**

1.  **12**
    x **17**
    _____

2.  **23**
    x **8**
    _____

3.  **13**
    x **8**
    _____

4.  **7**
    x **14**
    _____

5.  **15**
    x **11**
    _____

6.  **12**
    x **8**
    _____

7.  **9**
    x **6**
    _____

8.  **6**
    x **3**
    _____

9.  **19**
    x **1**
    _____

10. **5**
    x **15**
    _____

11. **7**
    x **8**
    _____

12. **11**
    x **9**
    _____

13. **7**
    x **0**
    _____

14. **13**
    x **6**
    _____

15. **1**
    x **14**
    _____

16. **17**
    x **0**
    _____

17. **1**
    x **21**
    _____

18. **15**
    x **5**
    _____

19. **8**
    x **3**
    _____

20. **14**
    x **0**
    _____

21. **19**
    x **8**
    _____

22. **20**
    x **0**
    _____

23. **11**
    x **21**
    _____

24. **16**
    x **10**
    _____

25. **1**
    x **17**
    _____

**Name:**_____ 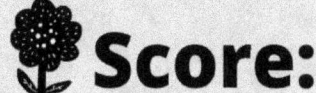 **Score:**_____ **/ 25**

1. 12
x 17

2. 23
x 8

3. 13
x 8

4. 7
x 14

5. 15
x 11

6. 12
x 8

7. 9
x 6

8. 6
x 3

9. 19
x 1

10. 5
x 15

11. 7
x 8

12. 11
x 9

13. 7
x 0

14. 13
x 6

15. 1
x 14

16. 17
x 0

17. 1
x 21

18. 15
x 5

19. 8
x 3

20. 14
x 0

21. 19
x 8

22. 20
x 0

23. 11
x 21

24. 16
x 10

25. 1
x 17

1. **12**
x **17**

2. **23**
x **8**

3. **13**
x **8**

4. **7**
x **14**

5. **15**
x **11**

6. **12**
x **8**

7. **9**
x **6**

8. **6**
x **3**

9. **19**
x **1**

10. **5**
x **15**

11. **7**
x **8**

12. **11**
x **9**

13. **7**
x **0**

14. **13**
x **6**

15. **1**
x **14**

16. **17**
x **0**

17. **1**
x **21**

18. **15**
x **5**

19. **8**
x **3**

20. **14**
x **0**

21. **19**
x **8**

22. **20**
x **0**

23. **11**
x **21**

24. **16**
x **10**

25. **1**
x **17**

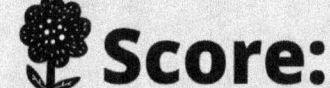

1.  **12**
    x **17**
    ___

2.  **23**
    x **8**
    ___

3.  **13**
    x **8**
    ___

4.  **7**
    x **14**
    ___

5.  **15**
    x **11**
    ___

6.  **12**
    x **8**
    ___

7.  **9**
    x **6**
    ___

8.  **6**
    x **3**
    ___

9.  **19**
    x **1**
    ___

10.  **5**
    x **15**
    ___

11.  **7**
    x **8**
    ___

12.  **11**
    x **9**
    ___

13.  **7**
    x **0**
    ___

14.  **13**
    x **6**
    ___

15.  **1**
    x **14**
    ___

16.  **17**
    x **0**
    ___

17.  **1**
    x **21**
    ___

18.  **15**
    x **5**
    ___

19.  **8**
    x **3**
    ___

20.  **14**
    x **0**
    ___

21.  **19**
    x **8**
    ___

22.  **20**
    x **0**
    ___

23.  **11**
    x **21**
    ___

24.  **16**
    x **10**
    ___

25.  **1**
    x **17**
    ___

1.  **12**
    x **0**
    _____

2.  **17**
    x **8**
    _____

3.  **15**
    x **8**
    _____

4.  **7**
    x **14**
    _____

5.  **0**
    x **11**
    _____

6.  **7**
    x **8**
    _____

7.  **8**
    x **6**
    _____

8.  **1**
    x **3**
    _____

9.  **13**
    x **1**
    _____

10. **5**
    x **5**
    _____

11. **3**
    x **8**
    _____

12. **12**
    x **9**
    _____

13. **18**
    x **0**
    _____

14. **10**
    x **6**
    _____

15. **1**
    x **0**
    _____

16. **2**
    x **0**
    _____

17. **1**
    x **4**
    _____

18. **4**
    x **5**
    _____

19. **8**
    x **8**
    _____

20. **14**
    x **0**
    _____

21. **19**
    x **8**
    _____

22. **20**
    x **0**
    _____

23. **0**
    x **21**
    _____

24. **16**
    x **1**
    _____

25. **19**
    x **7**
    _____

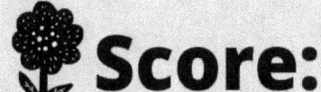

1.  **12**
    x **0**
    _____

2.  **17**
    x **8**
    _____

3.  **15**
    x **8**
    _____

4.  **7**
    x **14**
    _____

5.  **0**
    x **11**
    _____

6.  **7**
    x **8**
    _____

7.  **8**
    x **6**
    _____

8.  **1**
    x **3**
    _____

9.  **13**
    x **1**
    _____

10. **5**
    x **5**
    _____

11. **3**
    x **8**
    _____

12. **12**
    x **9**
    _____

13. **18**
    x **0**
    _____

14. **10**
    x **6**
    _____

15. **1**
    x **0**
    _____

16. **2**
    x **0**
    _____

17. **1**
    x **4**
    _____

18. **4**
    x **5**
    _____

19. **8**
    x **8**
    _____

20. **14**
    x **0**
    _____

21. **19**
    x **8**
    _____

22. **20**
    x **0**
    _____

23. **0**
    x **21**
    _____

24. **16**
    x **1**
    _____

25. **19**
    x **7**
    _____

1. **12**
   x **0**

2. **17**
   x **8**

3. **15**
   x **8**

4. **7**
   x **14**

5. **0**
   x **11**

6. **7**
   x **8**

7. **8**
   x **6**

8. **1**
   x **3**

9. **13**
   x **1**

10. **5**
    x **5**

11. **3**
    x **8**

12. **12**
    x **9**

13. **18**
    x **0**

14. **10**
    x **6**

15. **1**
    x **0**

16. **2**
    x **0**

17. **1**
    x **4**

18. **4**
    x **5**

19. **8**
    x **8**

20. **14**
    x **0**

21. **19**
    x **8**

22. **20**
    x **0**

23. **0**
    x **21**

24. **16**
    x **1**

25. **19**
    x **7**

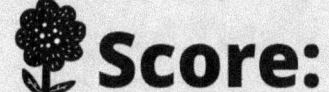
1.  **12**
    x **0**

2.  **17**
    x **8**

3.  **15**
    x **8**

4.  **7**
    x **14**

5.  **0**
    x **11**

6.  **7**
    x **8**

7.  **8**
    x **6**

8.  **1**
    x **3**

9.  **13**
    x **1**

10. **5**
    x **5**

11. **3**
    x **8**

12. **12**
    x **9**

13. **18**
    x **0**

14. **10**
    x **6**

15. **1**
    x **0**

16. **2**
    x **0**

17. **1**
    x **4**

18. **4**
    x **5**

19. **8**
    x **8**

20. **14**
    x **0**

21. **19**
    x **8**

22. **20**
    x **0**

23. **0**
    x **21**

24. **16**
    x **1**

25. **19**
    x **7**

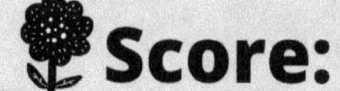

1.  **12**
    x **0**

2.  **17**
    x **8**

3.  **15**
    x **8**

4.  **7**
    x **14**

5.  **0**
    x **11**

6.  **7**
    x **8**

7.  **8**
    x **6**

8.  **1**
    x **3**

9.  **13**
    x **1**

10. **5**
    x **5**

11. **3**
    x **8**

12. **12**
    x **9**

13. **18**
    x **0**

14. **10**
    x **6**

15. **1**
    x **0**

16. **2**
    x **0**

17. **1**
    x **4**

18. **4**
    x **5**

19. **8**
    x **8**

20. **14**
    x **0**

21. **19**
    x **8**

22. **20**
    x **0**

23. **0**
    x **21**

24. **16**
    x **1**

25. **19**
    x **7**

1.   **12**
  x **0**

2.   **17**
  x **8**

3.   **15**
  x **8**

4.   **7**
x **14**

5.   **0**
x **11**

6.   **7**
  x **8**

7.   **8**
  x **6**

8.   **1**
  x **3**

9.   **13**
  x **1**

10.   **5**
  x **5**

11.   **3**
  x **8**

12.   **12**
  x **9**

13.   **18**
  x **0**

14.   **10**
  x **6**

15.   **1**
  x **0**

16.   **2**
  x **0**

17.   **1**
  x **4**

18.   **4**
  x **5**

19.   **8**
  x **8**

20.   **14**
  x **0**

21.   **19**
  x **8**

22.   **20**
  x **0**

23.   **0**
  x **21**

24.   **16**
  x **1**

25.   **19**
  x **7**

1.  **12**
    x **0**
    _____

2.  **17**
    x **8**
    _____

3.  **15**
    x **8**
    _____

4.  **7**
    x **14**
    _____

5.  **0**
    x **11**
    _____

6.  **7**
    x **8**
    _____

7.  **8**
    x **6**
    _____

8.  **1**
    x **3**
    _____

9.  **13**
    x **1**
    _____

10. **5**
    x **5**
    _____

11. **3**
    x **8**
    _____

12. **12**
    x **9**
    _____

13. **18**
    x **0**
    _____

14. **10**
    x **6**
    _____

15. **1**
    x **0**
    _____

16. **2**
    x **0**
    _____

17. **1**
    x **4**
    _____

18. **4**
    x **5**
    _____

19. **8**
    x **8**
    _____

20. **14**
    x **0**
    _____

21. **19**
    x **8**
    _____

22. **20**
    x **0**
    _____

23. **0**
    x **21**
    _____

24. **16**
    x **1**
    _____

25. **19**
    x **7**
    _____

**Name:**_____ 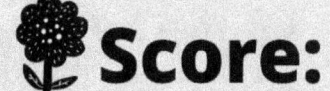 **Score:** _____ **/ 25**

1. **12**  
  x **0**

2. **17**  
  x **8**

3. **15**  
  x **8**

4. **7**  
  x **14**

5. **0**  
  x **11**

6. **7**  
  x **8**

7. **8**  
  x **6**

8. **1**  
  x **3**

9. **13**  
  x **1**

10. **5**  
  x **5**

11. **3**  
  x **8**

12. **12**  
  x **9**

13. **18**  
  x **0**

14. **10**  
  x **6**

15. **1**  
  x **0**

16. **2**  
  x **0**

17. **1**  
  x **4**

18. **4**  
  x **5**

19. **8**  
  x **8**

20. **14**  
  x **0**

21. **19**  
  x **8**

22. **20**  
  x **0**

23. **0**  
  x **21**

24. **16**  
  x **1**

25. **19**  
  x **7**

**Name:**_____  **Score:**_____ **/ 25**

1.  **12**
    x **0**

2.  **17**
    x **8**

3.  **15**
    x **8**

4.  **7**
    x **14**

5.  **0**
    x **11**

6.  **7**
    x **8**

7.  **8**
    x **6**

8.  **1**
    x **3**

9.  **13**
    x **1**

10. **5**
    x **5**

11. **3**
    x **8**

12. **12**
    x **9**

13. **18**
    x **0**

14. **10**
    x **6**

15. **1**
    x **0**

16. **2**
    x **0**

17. **1**
    x **4**

18. **4**
    x **5**

19. **8**
    x **8**

20. **14**
    x **0**

21. **19**
    x **8**

22. **20**
    x **0**

23. **0**
    x **21**

24. **16**
    x **1**

25. **19**
    x **7**

**Name:**_____  **Score:**_____ **/ 25**

1. 12
x 0

2. 17
x 8

3. 15
x 8

4. 7
x 14

5. 0
x 11

6. 7
x 8

7. 8
x 6

8. 1
x 3

9. 13
x 1

10. 5
x 5

11. 3
x 8

12. 12
x 9

13. 18
x 0

14. 10
x 6

15. 1
x 0

16. 2
x 0

17. 1
x 4

18. 4
x 5

19. 8
x 8

20. 14
x 0

21. 19
x 8

22. 20
x 0

23. 0
x 21

24. 16
x 1

25. 19
x 7

1. **9**
   x **11**

2. **5**
   x **12**

3. **9**
   x **12**

4. **7**
   x **12**

5. **6**
   x **11**

6. **9**
   x **12**

7. **11**
   x **1**

8. **12**
   x **3**

9. **8**
   x **11**

10. **11**
    x **5**

11. **8**
    x **12**

12. **11**
    x **9**

13. **12**
    x **0**

14. **11**
    x **6**

15. **8**
    x **12**

16. **6**
    x **11**

17. **12**
    x **4**

18. **11**
    x **5**

19. **3**
    x **12**

20. **4**
    x **11**

21. **8**
    x **12**

22. **11**
    x **12**

23. **3**
    x **12**

24. **11**
    x **2**

25. **11**
    x **7**

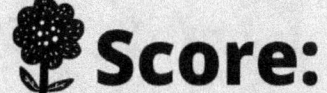

1. $\begin{array}{r} \mathbf{9} \\ \times\,\mathbf{11} \\ \hline \end{array}$    2. $\begin{array}{r} \mathbf{5} \\ \times\,\mathbf{12} \\ \hline \end{array}$    3. $\begin{array}{r} \mathbf{9} \\ \times\,\mathbf{12} \\ \hline \end{array}$    4. $\begin{array}{r} \mathbf{7} \\ \times\,\mathbf{12} \\ \hline \end{array}$    5. $\begin{array}{r} \mathbf{6} \\ \times\,\mathbf{11} \\ \hline \end{array}$

6. $\begin{array}{r} \mathbf{9} \\ \times\,\mathbf{12} \\ \hline \end{array}$    7. $\begin{array}{r} \mathbf{11} \\ \times\,\mathbf{1} \\ \hline \end{array}$    8. $\begin{array}{r} \mathbf{12} \\ \times\,\mathbf{3} \\ \hline \end{array}$    9. $\begin{array}{r} \mathbf{8} \\ \times\,\mathbf{11} \\ \hline \end{array}$    10. $\begin{array}{r} \mathbf{11} \\ \times\,\mathbf{5} \\ \hline \end{array}$

11. $\begin{array}{r} \mathbf{8} \\ \times\,\mathbf{12} \\ \hline \end{array}$    12. $\begin{array}{r} \mathbf{11} \\ \times\,\mathbf{9} \\ \hline \end{array}$    13. $\begin{array}{r} \mathbf{12} \\ \times\,\mathbf{0} \\ \hline \end{array}$    14. $\begin{array}{r} \mathbf{11} \\ \times\,\mathbf{6} \\ \hline \end{array}$    15. $\begin{array}{r} \mathbf{8} \\ \times\,\mathbf{12} \\ \hline \end{array}$

16. $\begin{array}{r} \mathbf{6} \\ \times\,\mathbf{11} \\ \hline \end{array}$    17. $\begin{array}{r} \mathbf{12} \\ \times\,\mathbf{4} \\ \hline \end{array}$    18. $\begin{array}{r} \mathbf{11} \\ \times\,\mathbf{5} \\ \hline \end{array}$    19. $\begin{array}{r} \mathbf{3} \\ \times\,\mathbf{12} \\ \hline \end{array}$    20. $\begin{array}{r} \mathbf{4} \\ \times\,\mathbf{11} \\ \hline \end{array}$

21. $\begin{array}{r} \mathbf{8} \\ \times\,\mathbf{12} \\ \hline \end{array}$    22. $\begin{array}{r} \mathbf{11} \\ \times\,\mathbf{12} \\ \hline \end{array}$    23. $\begin{array}{r} \mathbf{3} \\ \times\,\mathbf{12} \\ \hline \end{array}$    24. $\begin{array}{r} \mathbf{11} \\ \times\,\mathbf{2} \\ \hline \end{array}$    25. $\begin{array}{r} \mathbf{11} \\ \times\,\mathbf{7} \\ \hline \end{array}$

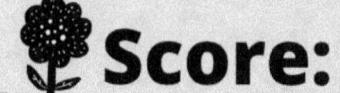
1.  **9**
    x **11**

2.  **5**
    x **12**

3.  **9**
    x **12**

4.  **7**
    x **12**

5.  **6**
    x **11**

6.  **9**
    x **12**

7.  **11**
    x **1**

8.  **12**
    x **3**

9.  **8**
    x **11**

10. **11**
    x **5**

11. **8**
    x **12**

12. **11**
    x **9**

13. **12**
    x **0**

14. **11**
    x **6**

15. **8**
    x **12**

16. **6**
    x **11**

17. **12**
    x **4**

18. **11**
    x **5**

19. **3**
    x **12**

20. **4**
    x **11**

21. **8**
    x **12**

22. **11**
    x **12**

23. **3**
    x **12**

24. **11**
    x **2**

25. **11**
    x **7**

1.   **9**
  x **11**

2.   **5**
  x **12**

3.   **9**
  x **12**

4.   **7**
  x **12**

5.   **6**
  x **11**

6.   **9**
  x **12**

7.   **11**
  x **1**

8.   **12**
  x **3**

9.   **8**
  x **11**

10.   **11**
  x **5**

11.   **8**
  x **12**

12.   **11**
  x **9**

13.   **12**
  x **0**

14.   **11**
  x **6**

15.   **8**
  x **12**

16.   **6**
  x **11**

17.   **12**
  x **4**

18.   **11**
  x **5**

19.   **3**
  x **12**

20.   **4**
  x **11**

21.   **8**
  x **12**

22.   **11**
  x **12**

23.   **3**
  x **12**

24.   **11**
  x **2**

25.   **11**
  x **7**

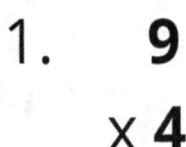

1.  **9**
  x **4**

2.  **5**
  x **9**

3.  **9**
  x **9**

4.  **7**
  x **9**

5.  **6**
  x **9**

6.  **9**
  x **8**

7.  **9**
  x **1**

8.  **9**
  x **3**

9.  **8**
  x **9**

10.  **9**
  x **5**

11.  **8**
  x **9**

12.  **8**
  x **9**

13.  **9**
  x **0**

14.  **9**
  x **6**

15.  **8**
  x **9**

16.  **6**
  x **9**

17.  **9**
  x **4**

18.  **9**
  x **5**

19.  **3**
  x **9**

20.  **4**
  x **9**

21.  **8**
  x **9**

22.  **9**
  x **9**

23.  **3**
  x **9**

24.  **9**
  x **2**

25.  **9**
  x **7**

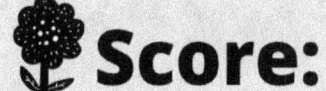
1.  9
    x 4

2.  5
    x 9

3.  9
    x 9

4.  7
    x 9

5.  6
    x 9

6.  9
    x 8

7.  9
    x 1

8.  9
    x 3

9.  8
    x 9

10.  9
     x 5

11.  8
     x 9

12.  8
     x 9

13.  9
     x 0

14.  9
     x 6

15.  8
     x 9

16.  6
     x 9

17.  9
     x 4

18.  9
     x 5

19.  3
     x 9

20.  4
     x 9

21.  8
     x 9

22.  9
     x 9

23.  3
     x 9

24.  9
     x 2

25.  9
     x 7

| | | | | |
|---|---|---|---|---|
| 1.  9<br>  x 4 | 2.  5<br>  x 9 | 3.  9<br>  x 9 | 4.  7<br>  x 9 | 5.  6<br>  x 9 |
| 6.  9<br>  x 8 | 7.  9<br>  x 1 | 8.  9<br>  x 3 | 9.  8<br>  x 9 | 10.  9<br>  x 5 |
| 11.  8<br>  x 9 | 12.  8<br>  x 9 | 13.  9<br>  x 0 | 14 .  9<br>  x 6 | 15.  8<br>  x 9 |
| 16.  6<br>  x 9 | 17.  9<br>  x 4 | 18.  9<br>  x 5 | 19.  3<br>  x 9 | 20.  4<br>  x 9 |
| 21.  8<br>  x 9 | 22. 9<br>  x 9 | 23.  3<br>  x 9 | 24.  9<br>  x 2 | 25.  9<br>  x 7 |

1.  **12**
    x **0**

2.  **17**
    x **8**

3.  **15**
    x **8**

4.  **7**
    x **14**

5.  **0**
    x **11**

6.  **7**
    x **8**

7.  **8**
    x **6**

8.  **1**
    x **3**

9.  **13**
    x **1**

10. **5**
    x **5**

11. **3**
    x **8**

12. **12**
    x **9**

13. **18**
    x **0**

14. **10**
    x **6**

15. **1**
    x **0**

16. **2**
    x **0**

17. **1**
    x **4**

18. **4**
    x **5**

19. **8**
    x **8**

20. **14**
    x **0**

21. **19**
    x **8**

22. **20**
    x **0**

23. **0**
    x **21**

24. **16**
    x **1**

25. **19**
    x **7**

1.  **12**
    x **0**
    _____

2.  **17**
    x **8**
    _____

3.  **15**
    x **8**
    _____

4.  **7**
    x **14**
    _____

5.  **0**
    x **11**
    _____

6.  **7**
    x **8**
    _____

7.  **8**
    x **6**
    _____

8.  **1**
    x **3**
    _____

9.  **13**
    x **1**
    _____

10. **5**
    x **5**
    _____

11. **3**
    x **8**
    _____

12. **12**
    x **9**
    _____

13. **18**
    x **0**
    _____

14. **10**
    x **6**
    _____

15. **1**
    x **0**
    _____

16. **2**
    x **0**
    _____

17. **1**
    x **4**
    _____

18. **4**
    x **5**
    _____

19. **8**
    x **8**
    _____

20. **14**
    x **0**
    _____

21. **19**
    x **8**
    _____

22. **20**
    x **0**
    _____

23. **0**
    x **21**
    _____

24. **16**
    x **1**
    _____

25. **19**
    x **7**
    _____

1.  **12**
    x **0**

2.  **17**
    x **8**

3.  **15**
    x **8**

4.  **7**
    x **14**

5.  **0**
    x **11**

6.  **7**
    x **8**

7.  **8**
    x **6**

8.  **1**
    x **3**

9.  **13**
    x **1**

10. **5**
    x **5**

11. **3**
    x **8**

12. **12**
    x **9**

13. **18**
    x **0**

14. **10**
    x **6**

15. **1**
    x **0**

16. **2**
    x **0**

17. **1**
    x **4**

18. **4**
    x **5**

19. **8**
    x **8**

20. **14**
    x **0**

21. **19**
    x **8**

22. **20**
    x **0**

23. **0**
    x **21**

24. **16**
    x **1**

25. **19**
    x **7**

1.  **12**
    x **17**
    ___

2.  **23**
    x **8**
    ___

3.  **13**
    x **8**
    ___

4.  **7**
    x **14**
    ___

5.  **15**
    x **11**
    ___

6.  **12**
    x **8**
    ___

7.  **9**
    x **6**
    ___

8.  **6**
    x **3**
    ___

9.  **19**
    x **1**
    ___

10. **5**
    x **15**
    ___

11. **7**
    x **8**
    ___

12. **11**
    x **9**
    ___

13. **7**
    x **0**
    ___

14. **13**
    x **6**
    ___

15. **1**
    x **14**
    ___

16. **17**
    x **0**
    ___

17. **1**
    x **21**
    ___

18. **15**
    x **5**
    ___

19. **8**
    x **3**
    ___

20. **14**
    x **0**
    ___

21. **19**
    x **8**
    ___

22. **20**
    x **0**
    ___

23. **11**
    x **21**
    ___

24. **16**
    x **10**
    ___

25. **1**
    x **17**
    ___

1.  **12**
    x **17**

2.  **23**
    x **8**

3.  **13**
    x **8**

4.  **7**
    x **14**

5.  **15**
    x **11**

6.  **12**
    x **8**

7.  **9**
    x **6**

8.  **6**
    x **3**

9.  **19**
    x **1**

10. **5**
    x **15**

11. **7**
    x **8**

12. **11**
    x **9**

13. **7**
    x **0**

14. **13**
    x **6**

15. **1**
    x **14**

16. **17**
    x **0**

17. **1**
    x **21**

18. **15**
    x **5**

19. **8**
    x **3**

20. **14**
    x **0**

21. **19**
    x **8**

22. **20**
    x **0**

23. **11**
    x **21**

24. **16**
    x **10**

25. **1**
    x **17**

1.  **12**
    x **17**

2.  **23**
    x **8**

3.  **13**
    x **8**

4.  **7**
    x **14**

5.  **15**
    x **11**

6.  **12**
    x **8**

7.  **9**
    x **6**

8.  **6**
    x **3**

9.  **19**
    x **1**

10. **5**
    x **15**

11. **7**
    x **8**

12. **11**
    x **9**

13. **7**
    x **0**

14. **13**
    x **6**

15. **1**
    x **14**

16. **17**
    x **0**

17. **1**
    x **21**

18. **15**
    x **5**

19. **8**
    x **3**

20. **14**
    x **0**

21. **19**
    x **8**

22. **20**
    x **0**

23. **11**
    x **21**

24. **16**
    x **10**

25. **1**
    x **17**

| 0'S,1'S | 2'S | 3'S | 4'S | 5'S | 6'S |
|---|---|---|---|---|---|
| 1. 0 | 1. 72 | 1. 36 | 1. 90 | 1. 99 | 1. 24 |
| 2. 8 | 2. 40 | 2. 45 | 2. 50 | 2. 60 | 2. 30 |
| 3. 0 | 3. 72 | 3. 81 | 3. 90 | 3. 108 | 3. 54 |
| 4. 7 | 4. 56 | 4. 63 | 4. 70 | 4. 84 | 4. 12 |
| 5. 0 | 5. 48 | 5. 54 | 5. 60 | 5. 66 | 5. 30 |
| 6. 0 | 6. 72 | 6. 72 | 6. 90 | 6. 108 | 6. 54 |
| 7. 8 | 7. 48 | 7. 9 | 7. 10 | 7. 11 | 7. 36 |
| 8. 0 | 8. 24 | 8. 27 | 8. 30 | 8. 36 | 8. 18 |
| 9. 8 | 9. 88 | 9. 72 | 9. 40 | 9. 88 | 9. 18 |
| 10. 0 | 10. 40 | 10. 45 | 10. 50 | 10. 55 | 10. 30 |
| 11. 8 | 11. 88 | 11. 72 | 11. 80 | 11. 96 | 11. 54 |
| 12. 0 | 12. 72 | 12. 72 | 12. 90 | 12. 99 | 12. 54 |
| 13. 0 | 13. 0 | 13. 0 | 13. 0 | 13. 0 | 13. 18 |
| 14. 6 | 14. 48 | 14. 54 | 14. 60 | 14. 66 | 14. 30 |
| 15. 0 | 15. 64 | 15. 72 | 15. 80 | 15. 96 | 15. 45 |
| 16. 0 | 16. 48 | 16. 54 | 16. 60 | 16. 66 | 16. 42 |
| 17. 4 | 17. 32 | 17. 36 | 17. 40 | 17. 48 | 17. 6 |
| 18. 5 | 18. 40 | 18. 45 | 18. 50 | 18. 55 | 18. 30 |
| 19. 8 | 19. 24 | 19. 27 | 19. 30 | 19. 36 | 19. 18 |
| 20. 0 | 20. 32 | 20. 36 | 20. 40 | 20. 44 | 20. 24 |
| 21. 8 | 21. 64 | 21. 72 | 21. 80 | 21. 96 | 21. 54 |
| 22 0 | 22 88 | 22 81 | 22 90 | 22 132 | 22 30 |
| 23. 0 | 23. 24 | 23. 27 | 23. 30 | 23. 36 | 23. 18 |
| 24. 8 | 24. 16 | 24. 18 | 24. 20 | 24. 22 | 24. 30 |

| 7's | 8's | 9's | 10s | 11s, 12s |
|---|---|---|---|---|
| 1. 28 | 1. 72 | 1. 36 | 1. 90 | 1. 99 |
| 2. 35 | 2. 40 | 2. 45 | 2. 50 | 2. 60 |
| 3. 63 | 3. 72 | 3. 81 | 3. 90 | 3. 108 |
| 4. 14 | 4. 56 | 4. 63 | 4. 70 | 4. 84 |
| 5. 42 | 5. 48 | 5. 54 | 5. 60 | 5. 66 |
| 6. 42 | 6. 72 | 6. 72 | 6. 90 | 6. 108 |
| 7. 63 | 7. 48 | 7. 9 | 7. 10 | 7. 11 |
| 8. 21 | 8. 24 | 8. 27 | 8. 30 | 8. 36 |
| 9. 42 | 9. 88 | 9. 72 | 9. 40 | 9. 88 |
| 10. 56 | 10. 40 | 10. 45 | 10. 50 | 10. 55 |
| 11. 63 | 11. 88 | 11. 72 | 11. 80 | 11. 96 |
| 12. 7 | 12. 72 | 12. 72 | 12. 90 | 12. 99 |
| 13. 0 | 13. 0 | 13. 0 | 13. 0 | 13. 0 |
| 14. 42 | 14. 48 | 14. 54 | 14. 60 | 14. 66 |
| 15. 35 | 15. 64 | 15. 72 | 15. 80 | 15. 96 |
| 16. 42 | 16. 48 | 16. 54 | 16. 60 | 16. 66 |
| 17. 28 | 17. 32 | 17. 36 | 17. 40 | 17. 48 |
| 18. 35 | 18. 40 | 18. 45 | 18. 50 | 18. 55 |
| 19. 21 | 19. 24 | 19. 27 | 19. 30 | 19. 36 |
| 20. 28 | 20. 32 | 20. 36 | 20. 40 | 20. 44 |
| 21. 63 | 21. 64 | 21. 72 | 21. 80 | 21. 96 |
| 22. 35 | 22. 88 | 22. 81 | 22. 90 | 22. 132 |
| 23. 21 | 23. 24 | 23. 27 | 23. 30 | 23. 36 |
| 24. 14 | 24. 16 | 24. 18 | 24. 20 | 24. 22 |